# 配电网规划全流程管理应用指导手册

PEIDIANWANG GUIHUA QUANLIUCHENG GUANLI YINGYONG ZHIDAO SHOUCE

国网浙江省电力有限公司台州供电公司　著

重庆大学出版社

**图书在版编目（CIP）数据**

配电网规划全流程管理应用指导手册 / 国网浙江省电力有限公司台州供电公司著. -- 重庆：重庆大学出版社，2024.11. -- ISBN 978-7-5689-4910-1

Ⅰ. TM715-62

中国国家版本馆 CIP 数据核字第 2024K2M431 号

配电网规划全流程管理应用指导手册

国网浙江省电力有限公司台州供电公司　著

策划编辑：鲁　黎

责任编辑：杨育彪　　版式设计：鲁　黎

责任校对：王　倩　　责任印制：张　策

*

重庆大学出版社出版发行

出版人：陈晓阳

社址：重庆市沙坪坝区大学城西路 21 号

邮编：401331

电话：（023）88617190　88617185（中小学）

传真：（023）88617186　88617166

网址：http://www.cqup.com.cn

邮箱：fxk@cqup.com.cn（营销中心）

全国新华书店经销

重庆亘鑫印务有限公司印刷

*

开本：787mm × 1092mm　1/16　印张：10.25　字数：227 千

2024 年 11 月第 1 版　　2024 年 11 月第 1 次印刷

ISBN 978-7-5689-4910-1　定价：48.00 元

# 编委会



# 编写组

# 前　言

《国家发展改革委 国家能源局关于新形势下配电网高质量发展的指导意见》（发改能源〔2024〕187号）指出，配电网作为重要的公共基础设施，在保障电力供应、支撑经济社会发展、服务改善民生等方面发挥重要作用。随着新型电力系统建设的推进，配电网正逐步由单纯接受、分配电能给用户的电力网络转变为源网荷储融合互动、与上级电网灵活耦合的电力网络，在促进分布式电源就近消纳、承载新型负荷等方面的功能日益显著。

更合理的电网规划是高质量发展的第一步，需要通过新质生产力引入新科技、新理念，推动配电网规划实现质的飞跃。科学合理的电网规划可指导电网发展建设，对合理安排电网建设项目、建设时机、资金投入，满足国民经济对电力需求，保证今后电网安全、稳定、经济运行，获取最大的社会效益和经济效益均具有十分重要的意义。

在新的社会形势下，数字化已经成为社会发展的动力引擎，数字技术与社会经济发展不断融合，是企业创新的推动力量。党的二十届三中全会中提出“以国家标准提升引领传统产业优化升级，支持企业用数智技术、绿色技术改造提升传统产业”。电网企业应将数字化转型作为新时期发展战略的关键内容，实施大数据战略，建设数字电网，把握住数字化发展机遇，加强新型基础设施建设。

因此，电网规划工作的数字化转型迫在眉睫，应用配电网规划全流程平台，能够方便、高效地开展电网规划相关业务，将电网规划从现状分析、方案制定、计划下达、过程管控、成效评估有机串联，将全过程所涉及的相关业务部门整合到同一业务平台上开展工作，有效提高专业参与度、规划落地率。

国网浙江省电力有限公司台州供电公司创新约束条件下规划方案自动生成技术，填补了配电网规划方案生成领域空白；基于动态规划理论和最短路径模型的自动生成技术，引入城市各类基础设施设计导则等标准化参数判据，自动识别配电网地块红线、基础设施空间约束条件，融合构建配电网自动规划模型；将人工编制规划方案中的问题诊断、负荷预测、网架方案、项目编排等环节由机器替代，一键智能生成满足多方需求的规划建设方案，促进电网规划与其他规划空间资源的统筹衔接。

本书对配电网规划全流程平台进行了全面的定位阐述及功能描述，具体介绍了平台在配网数据分析、规划网架、项目库、过程管理及后评价分析等方面的内容，并结合了几个比较典型的案例，对平台功能进行描述及成效分析。总体来讲，本指导手册有以下三大特点：一是内容全面，对规划业务全流程进行了描述与分析，让读者快速了解规划业务的含义与面临的难题，通过本指导手册能够较快速上手规划业务，在平台应用过程中达到理论与实践的有机融合。二是翔实细致，对平台界面、功能逻辑、操作方法等结合图形进行了详尽的介绍，使读者能够轻松掌握平台使用方法，进一步提高效率。三是虚实结合，通过举例某个地区的实际情况，分析问题产生的前因后果，并展示应用全流程平台以后所产生的变化，做到理论分析与实际操作的“虚实结合”，让“为何使用”“如何使用”“使用成效”更加深入人心。

众人拾柴火焰高。在本书的编写过程中，国网浙江省电力有限公司台州供电公司的领导和专家给予了悉心指导，在此，谨向罗进圣、梁樑、周灵刚、余才阳等表示衷心感谢。同时，参编指导手册的各单位根据编委会评审建议，反复修订、积极完善，为平台应用指导手册成稿付出了大量努力，在此致以诚挚谢意。

由于水平有限，书中难免存在疏漏之处，恳请各位读者批评指正。

工作原因，本书对相关敏感数据进行了适当处理，望广大读者须知。

编委会及编写组

2024 年 6 月

# 目　录


1　项目背景……………………………………………………001

2　规划全流程平台概况……………………………………002

2.1　规划全流程平台简介……………………………………002
2.2　规划全流程平台模块构成………………………………002
2.2.1　配网概况……………………………………………002
2.2.2　规划网架……………………………………………003
2.2.3　项目库………………………………………………004
2.2.4　过程管理……………………………………………004
2.2.5　后评价………………………………………………005
2.3　规划全流程平台模块使用流程…………………………006
2.3.1　数据采集分析与电网问题诊断………………………006
2.3.2　网架自动生成与项目筛选流转………………………006
2.3.3　项目过程管控…………………………………………006
2.3.4　后评价…………………………………………………006

3　规划全流程平台业务功能…………………………………007

3.1　配网概况…………………………………………………007
3.1.1　电网规模管理…………………………………………008
3.1.2　标准网格管理…………………………………………015
3.1.3　问题诊断管理…………………………………………016
3.1.4　电网指标管理…………………………………………027
3.2　规划网架…………………………………………………029
3.2.1　投资规模………………………………………………030
3.2.2　预成效分析……………………………………………037
3.2.3　指标提升………………………………………………047

3.3 项目库 …… 048

3.3.1 预筛项目 …… 048

3.3.2 储备项目库 …… 051

3.3.3 项目问题预解决率 …… 054

3.3.4 预筛项目库 …… 055

3.4 过程管理 …… 074

3.4.1 四率合一 …… 074

3.4.2 项目监管 …… 076

3.5 后评价分析 …… 083

3.5.1 问题解决情况 …… 084

3.5.2 成效评价 …… 095

3.5.3 规划落地率 …… 097

4 典型案例应用 …… 101

4.1 典型园区新能源规划案例 …… 101

4.1.1 工作背景 …… 101

4.1.2 主要做法 …… 102

4.1.3 应用成效 …… 112

4.2 典型区域 20 kV 规划案例 …… 114

4.2.1 工作背景 …… 114

4.2.2 主要做法 …… 114

4.2.3 应用成效 …… 129

4.3 典型区域间隔管理全流程案例 …… 131

4.3.1 工作背景 …… 132

4.3.2 主要做法 …… 132

4.3.3 应用成效 …… 152

5 展望 …… 153

参考文献 …… 154

# 1 项目背景

电网是实现电力发、变、送、配、用各环节的载体和物质基础，科学合理的电网规划可指导电网发展建设，对合理安排电网建设项目、建设时机、资金投入，满足国民经济对电力需求，保证今后电网安全、稳定、经济运行，获取最大的经济效益和社会效益均具有十分重要的意义。

配电网具有服务客户多、设备规模大、业务板块多、可靠运行压力大、优质服务要求高等特点，其数据来源不一，数据管理不够集约高效，且人工收集、计算分析工作中容易出现配电网数据梳理耗时、问题诊断不精准等问题，因此难以及时高效、精准全面地发现问题、解决问题。除此以外，分布式能源、储能、交互式电动汽车等的广泛接入使电网的管理及运行更为复杂，依靠人工计算分析无法满足对电网情况的准确分析研判要求。

从电网规划工作本身来看，当前电网规划手段单一，通常由发展专业牵头、其他专业简单参与的工作模式开展，项目需求来源相对单一，无法充分体现运检专业运维需求、营销专业业扩需求等内容，容易出现项目漏报、误报、重复。例如，发展专业主要关心电网网架建设，容易忽视支线、配变等方面的运行问题；运检专业不仅关心上述问题，还要综合考虑自动化、老旧设备改造等方面需求；营销专业需掌握更准确的大用户报装信息，对网架建设具有较强的指导意义。综上所述，只有各个专业从初期就开始高度参与规划工作，参与网架规划与项目方案制定，才能使电网规划工作更精准、更高效、更经济地开展。

从规划项目全过程角度来看，配电网规划业务在现状分析、方案制定、计划下达、过程管控、成效评估等环节均由发展部主导，其余专业参与的深度严重不足，导致规划与实际偏差大、成效差。同时；配电网规划业务缺乏智能化手段支撑，各环节涉及部门多、决策过程烦琐，部门间沟通交流主要采用开会、电话等形式，存在“讲不清、道不明”的问题，严重影响了规划工作质效。

因此，电网的数字化水平在较大程度上影响着公司发展水平，在数字时代背景下，重视电力大数据资产、依靠数字技术给企业生产经营提供新的原动力，推动电网规划工作革新、提升企业数字化运营管理效益，是助力新型电力系统发展的重要举措。

2018 年中央经济工作会议上提出要加快物联网、人工智能、工业互联网等基础设施建设，2020 年中央政治局会议强调推动 5G 网络加快发展，加强新型基础设施建设。在新的社会形势下，数字化已经成为社会发展的动力引擎，数字技术与社会经济发展不断融合，是企业创新的推动力量，电网企业应将数字化转型作为新时期发展战略的关键内容，实施大数据战略，建设数字电网，把握住数字化发展机遇。

# 2　规划全流程平台概况

## 2.1　规划全流程平台简介

配电网规划全流程平台主要具备数据自动采集与计算、现状问题诊断与分析、目标网架自动规划、过渡网架方案生成、方案成效评估、项目筛选流转、投资计划建议生成及“四率合一”管控等功能。其目的在于应对配电网海量数据分析工作，精准定位电网薄弱环节，为基层工作人员减负，提升目标网架规划、项目建设方案的准确性、经济性和效益性，合理安排电网建设项目、建设时机、资金投入，满足国民经济对电力需求，保证今后电网安全、稳定、经济运行。

配电网规划全流程平台业务导航图如图 2-1 所示。

图 2-1　配电网规划全流程平台业务导航图

## 2.2　规划全流程平台模块构成

### 2.2.1　配网概况

配网概况模块用于展示当地电网规模及部分关键指标，例如变电站座数、主变容量、容载比、负荷情况、线路情况、网格划分等内容，同时可展示目前电网存在的问题统计情况，包括但不限于辐射线路数、非标接线数、重载线路数、N-1 不通过、大分支等问题统计情况。配网概况是一切分析工作的基础，基础数据的收集、整理与分析是最开始的一环也是最重要的一环。基础数据的细微差异，会影响问题研判的准确性。问题研判错误，项目的实际成效就会无限缩小，导致投资没有花对地方，产生大量浪费。因此，配网概况采用数据采集与读取的方式进行电网规模、运行信息等内容的收集，确保来源统一、匹配，准确性高。其主要目的是展示电网整体规模、电网供电能力、问题遗留情况等内容。

配网概况模块示意图如图 2-2 所示。

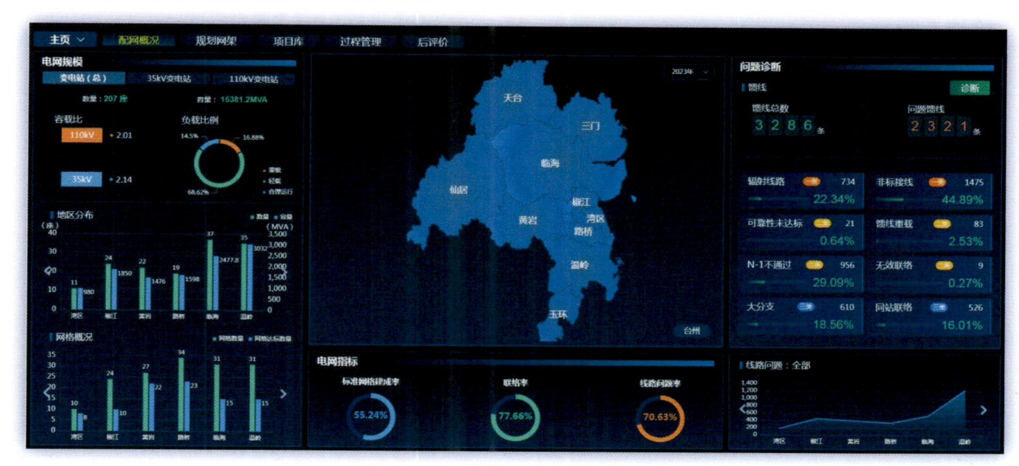


图 2-2 配网概况模块示意图

## 2.2.2 规划网架

规划网架模块主要包含智能规划及成效分析两大功能。智能规划能够根据采集数据、网架现状、问题分析情况、城市控规、业扩报装等多方面内容，根据用户需要生成目标网架。在目标网架基础上，按年度智能生成过渡网架方案，同时生成单个项目的具体建设方案。成效分析功能将生成的项目投资情况进行统计，具象化展示在页面上，以告诉规划人员投资需求情况。除此以外，成效分析还能够提前计算项目方案的预成效，通过阶段性的预成效展示，让规划人员明确电网改进方向，了解项目建设成效。

规划网架模块示意图如图 2-3 所示。

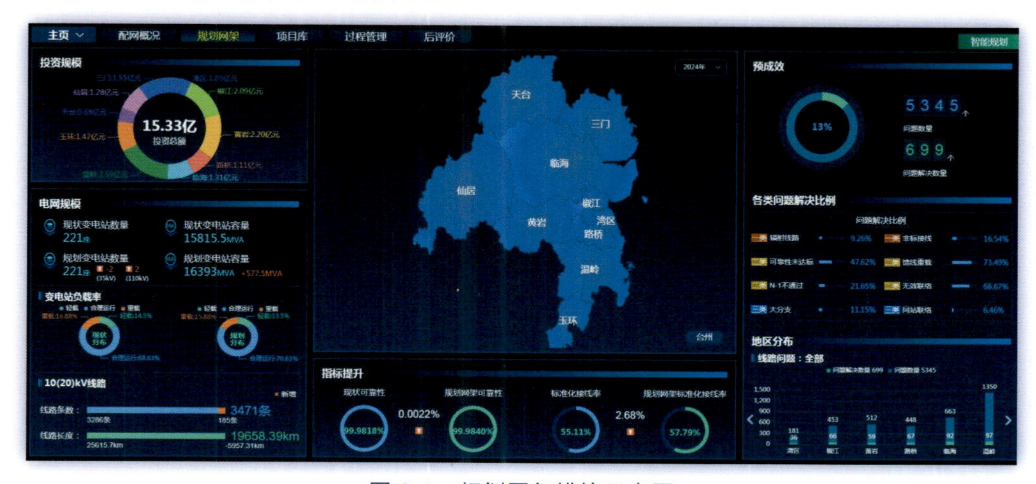


图 2-3 规划网架模块示意图

地区网格管理示意图如图 2-4 所示。

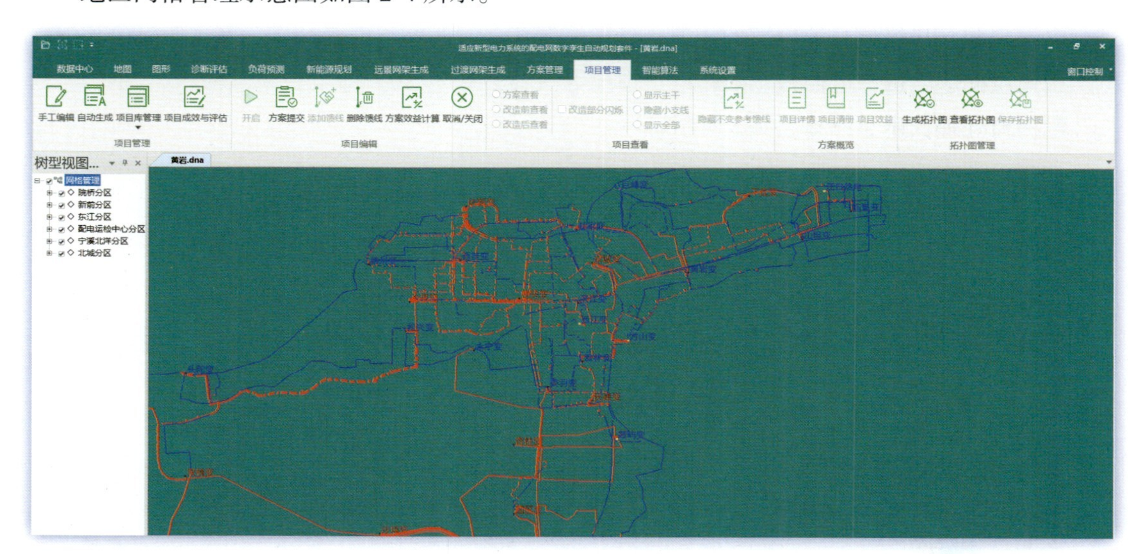

图 2-4　地区网格管理示意图

## 2.2.3　项目库

项目库模块用于展示目前的项目生成情况，包含项目个数、项目预筛情况、项目投资、投资分布情况、问题预解决率、规划预落地率等情况。其主要功能是形成规划库，完成预筛后，使规划库项目在专业间流转，并最终形成在一定投资能力下的储备库清单，同时展示该储备库下达后的问题解决情况、规划落地情况等内容。

项目库模块示意图如图 2-5 所示。

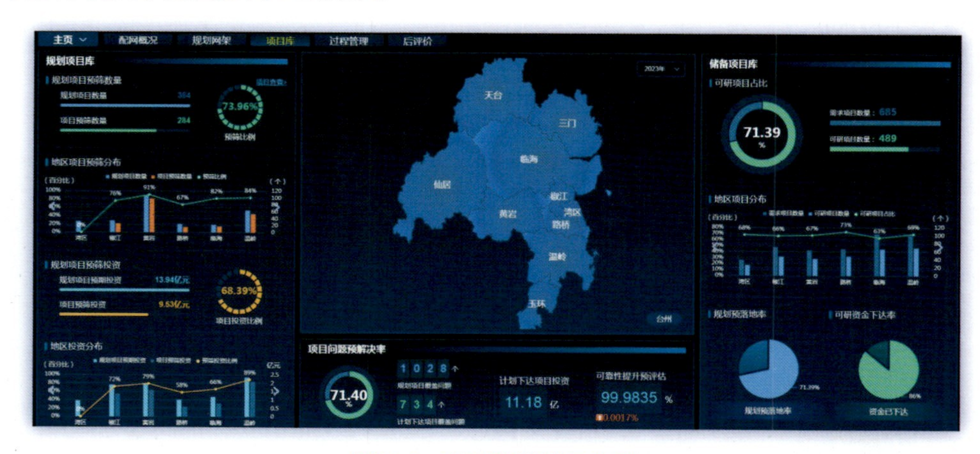

图 2-5　项目库模块示意图

## 2.2.4　过程管理

过程管理模块重点聚焦项目过程与进度管控内容。该模块具备展示项目“四率合一”的相关内容，包含公司多专业不同方向的指标内容，包括但不限于投资完成率、ERP 入账率、设备领用合理率等内容，用于监控项目完成情况及过程中的手续合法合规等情况，帮助各专业人员更方便地参与项目管控，使项目具象化地展现在管理人员眼前，方便管理人员在项目出现问题时迅速定位问题。过程管理模块同时具备一定的预警功能，预判即将可能出现的问题，警告管理人员提前处理，避免严重后果的产生。

过程管理模块示意图如图 2-6 所示。

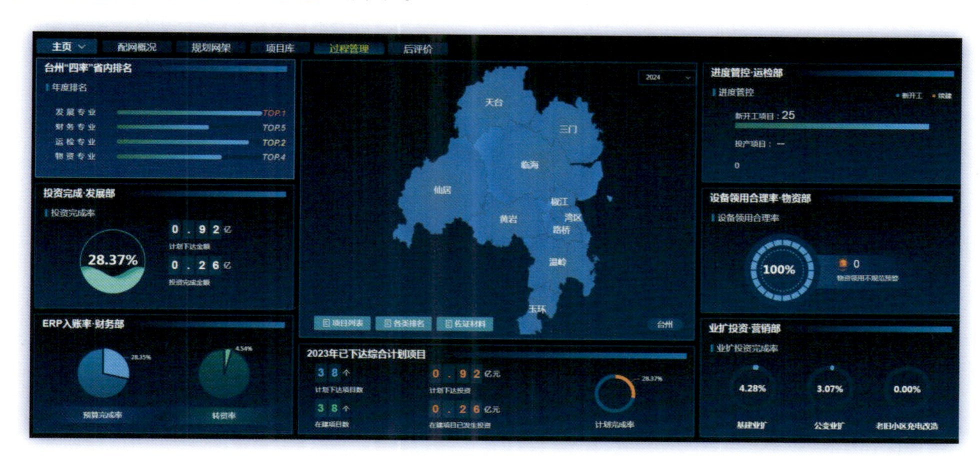


图 2-6　过程管理模块示意图

## 2.2.5　后评价

后评价模块为全流程管理的最后环节，主要用于展示当年投资完成后的电网实际建设成效，与项目下达前的预成效进行比对，管理人员能够总结工作开展过程中的经验与不足。同时，展示项目取得的成果成效，将电网的关键指标进行展示，例如问题解决率、线路联络率、供电可靠率、标准网格建成率及规划落地率等情况，能让管理人员明确项目取得的具体成效，更好地开展配网项目全流程工作。

后评价模块示意图如图 2-7 所示。

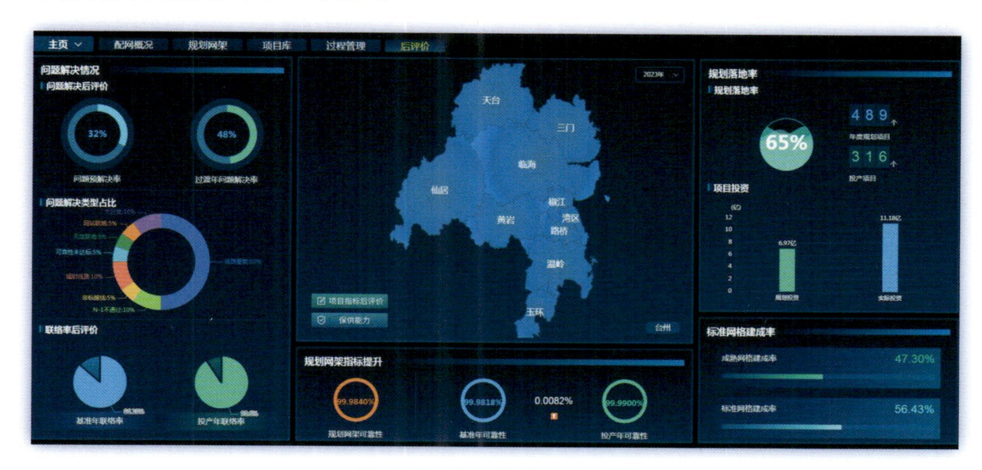


图 2-7　后评价模块示意图

## 2.3 规划全流程平台模块使用流程

### 2.3.1 数据采集分析与电网问题诊断

配电网规划全流程数据采集与分析工作由系统自动完成，管理人员只需对生成的问题清单进行核对，修正或剔除存在的问题数据、判断有误的问题或已在解决过程中的问题等内容。

### 2.3.2 网架自动生成与项目筛选流转

系统一键生成目标网架，并按年份生成过渡网架方案，具象化地将项目展示在规划人员面前，同时自动生成规划项目库。管理人员按照供电可靠性、问题解决率、规划落地率、标准网格建成率、成熟网格建成率等指标导向对项目进行预筛选排序，并将项目流转至运检部，运检部按照项目实际落地可行性对项目进行二次筛选。完成筛选后生成实际储备库，投资计划编排人员可按照清单，便捷地完成投资计划编排工作。

### 2.3.3 项目过程管控

系统对项目过程开展实时监测，管理人员通过过程管理模块，可查看项目过程中的各项特征数据，以确保项目开工、供货、建设、完工、投运、结算、决算等一系列过程顺利、合法、合规进行。

### 2.3.4 后评价

利用后评价模块，查看规划方案的实施情况，具体到各区县、各具体项目的实际投资完成情况、过程中存在的不足等内容，方便管理人员快速总结管理过程中有待提高的内容，形成闭环管理，更好地助力电网规划建设工作。

# 3 规划全流程平台业务功能

## 3.1 配网概况

**功能说明：**配网概况功能模块以地市供电公司和区县供电公司企业经营区范围为基准，自动识别取数，以年为单位，切取电网断面数据，记录当前年度的配电网概况快照，形成时序电网，并以数据占比图进行呈现。

基于此，分地市供电公司和区县供电公司按照电网规模、电网指标、问题诊断 3 个维度呈现 110 kV 及以下的电网情况。以量化分析为基础，客观、真实、准确定位配电网发展水平，明确配电网发展存在的主要问题，提出准确有效的改善措施，为日后的配电网规划滚动优化和投资安排奠定良好的基础。

**功能路径：**“首页 — 主页 — 配网概况”。

**操作说明：**

①在地市公司首页界面左上角下拉选择主页，单击“配网概况”按钮，下拉选择数据年份，具体如图 3-1 所示。

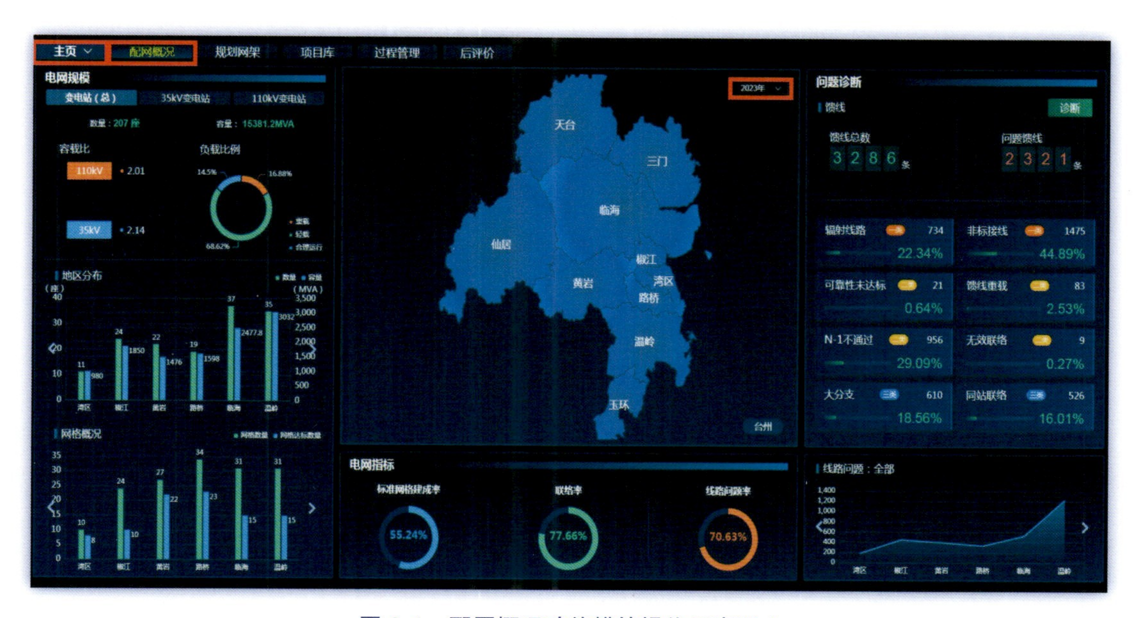


图 3-1 配网概况功能模块操作示意图 1

②在区县公司首页界面左上角下拉选择主页，单击“配网概况”按钮，下拉选择数据年份，选择地市经营区下的某一具体区县经营范围，单击穿透进入该区县配网概况界面，具体如图 3-2 所示。

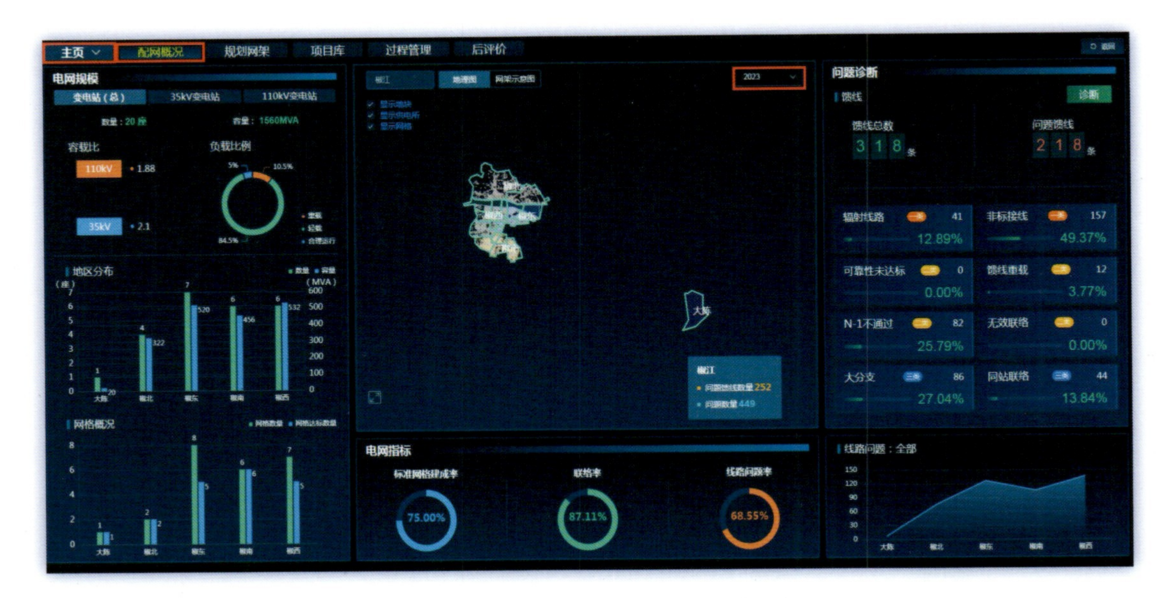


图 3-2　配网概况功能模块操作示意图 2

## 3.1.1　电网规模管理

**功能说明：**电网规模管理主要从 110 kV、35 kV 变电站数量、变电容量、各单位分电压等级容载比（容载比是电网规划阶段在规划区域内安排变电总容量的重要宏观指标，指在某一供电范围、某一电压等级的公用变电设备总容量（kV · A）与对应的网供最大总负荷（kW）的比值）和变电站负载率 4 个方面进行计算评估，通过指标计算全面、准确地衡量各市县配电网供电能力水平。

### 1）变电站数量、变电容量

**功能说明：**全面统计各单位变电规模，支持查看各单位 110 kV、35 kV 电压等级在运变电站数量及变电容量，直观展示配网电网供电能力。

**功能路径：**“首页—主页—配网概况—电网规模—变电站（总）”。

**操作说明：**

在地市公司首页界面左上角下拉选择主页，单击“配网概况”按钮，下拉选择数据年份，选择“变电站（总）”电压等级，可分单位查看变电站总数量及变电容量。选择“35 kV 变电站”“110 kV 变电站”，可分单位查看对应电压等级变电站总数量及变电容量。以某地市单位为例，其辖区范围内截至 2023 年变电站总体规模为 207 座，变电容量 15 381.2 MV · A。其中 110 kV 变电站 134 座，变电容量 13 501.5 MV · A；35 kV 变电站 73 座，变电容量 1 889.7 MV · A。具体如图 3-3—图 3-5 所示。

图 3-3 电网规模 - 变电站操作示意图 1

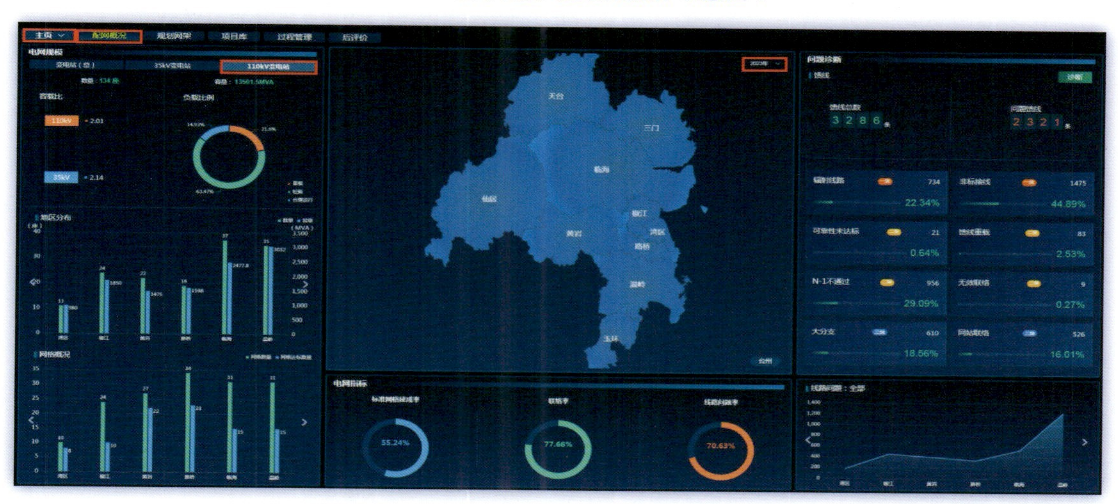


图 3-4 电网规模 - 变电站操作示意图 2

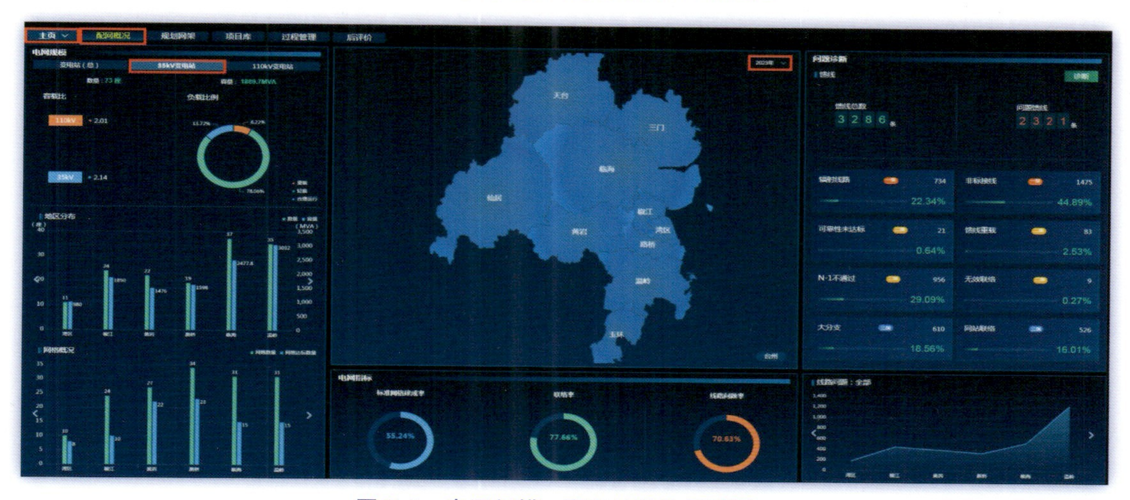


图 3-5 电网规模 - 变电站操作示意图 3

在区县公司首页界面左上角下拉选择主页，单击“配网概况”按钮，下拉选择数据年份，选择地市经营区下的某一具体区县经营范围，单击穿透进入该区县配网概况界面，选择“变电站（总）”电压等级，可分单位查看变电站总数量及变电容量。选择“35 kV 变电站”“110 kV 变电站”，可分单位查看对应电压等级变电站总数量及变电容量。

如图 3-6—图 3-8 所示，所呈现的就是市辖某区县的变电规模，2023 年，其变电站总体规模 20 座，变电容量 1 560 MV · A。其中 110 kV 变电站 14 座，变电容量 1 390 MV · A；35 kV 变电站 6 座，变电容量 170 MV · A。

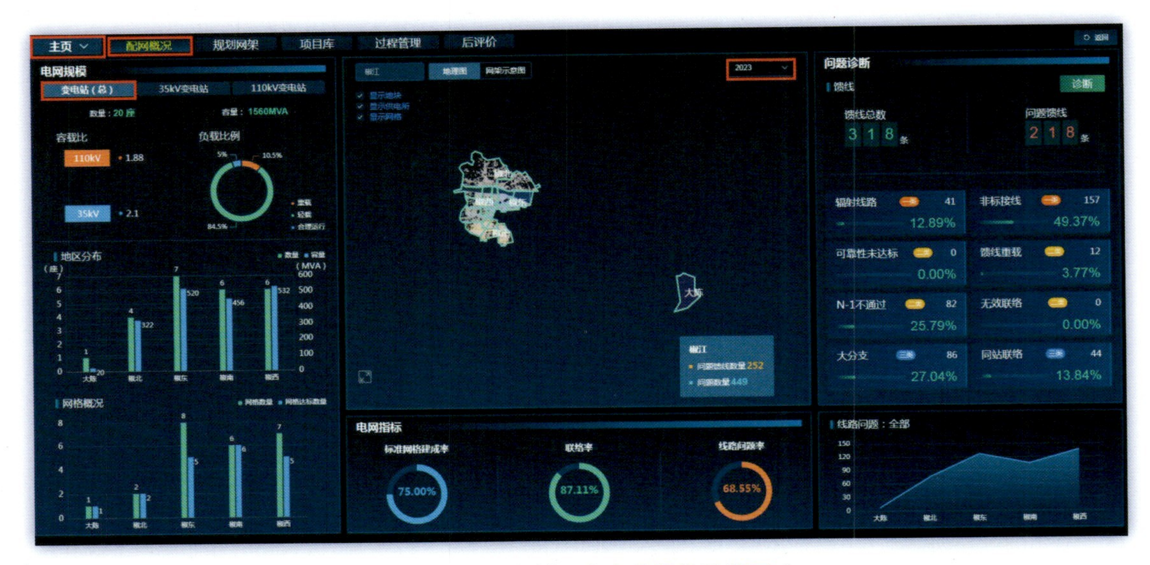


图 3-6　电网规模 - 变电站操作示意图 4

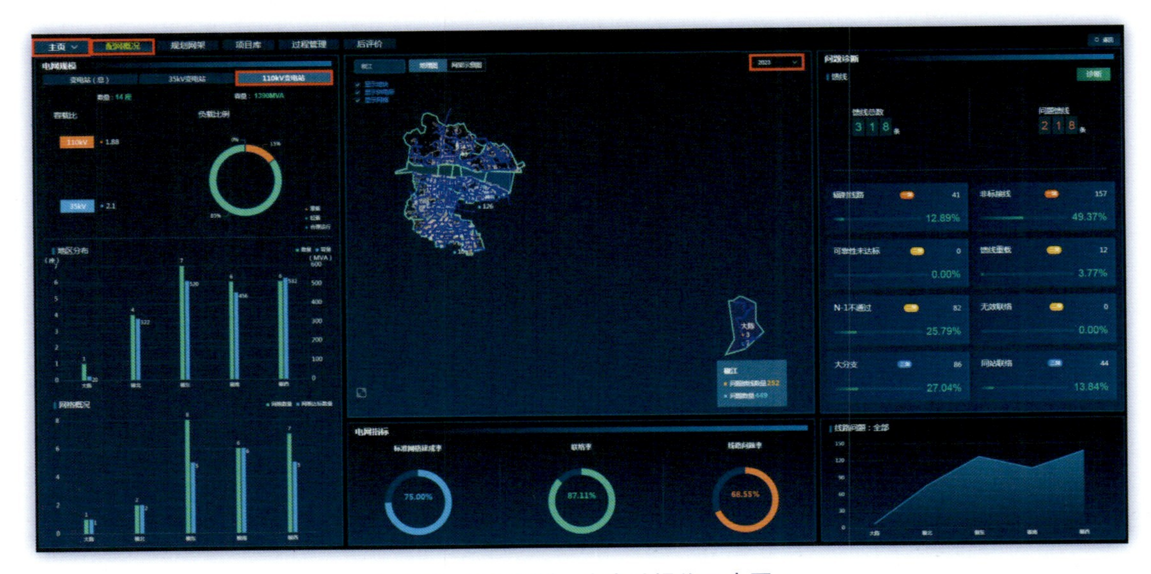


图 3-7　电网规模 - 变电站操作示意图 5

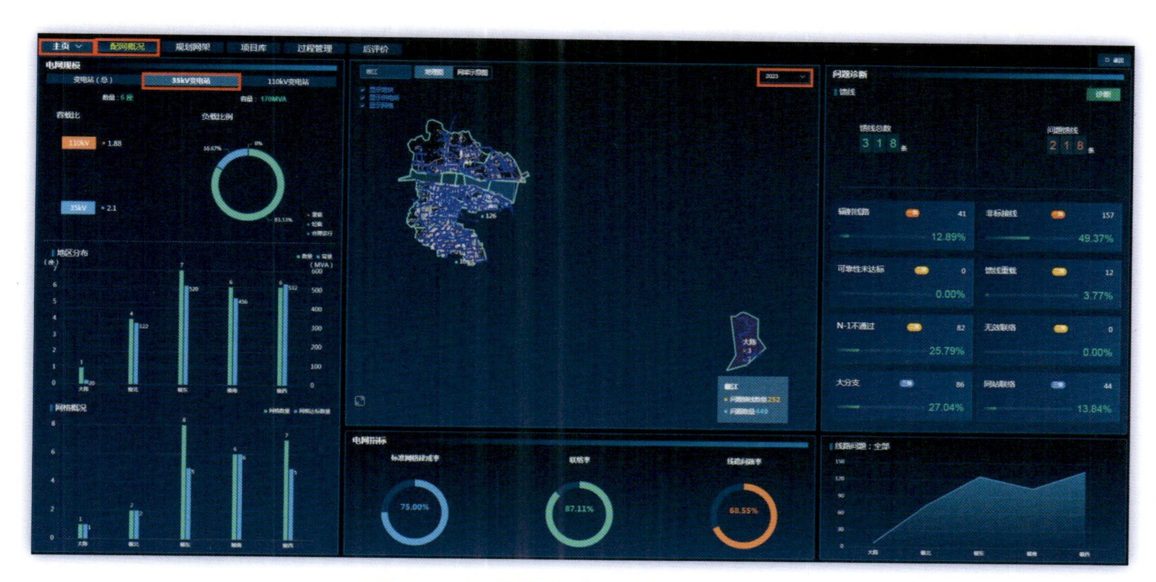


图 3-8　电网规模 - 变电站操作示意图 6

同时在区县公司展示界面以柱状图形式展现该区所辖五个供电分区变电站个数以及变电总容量，其中各柱状图可单击穿透查看变电站明细。如图 3-9—图 3-10 所示，单击某分区柱状图后跳转界面，显示某分区 7 座 110/35 kV 变电站明细，包括各变电站名称、类型、容量、所属公司等数据信息。

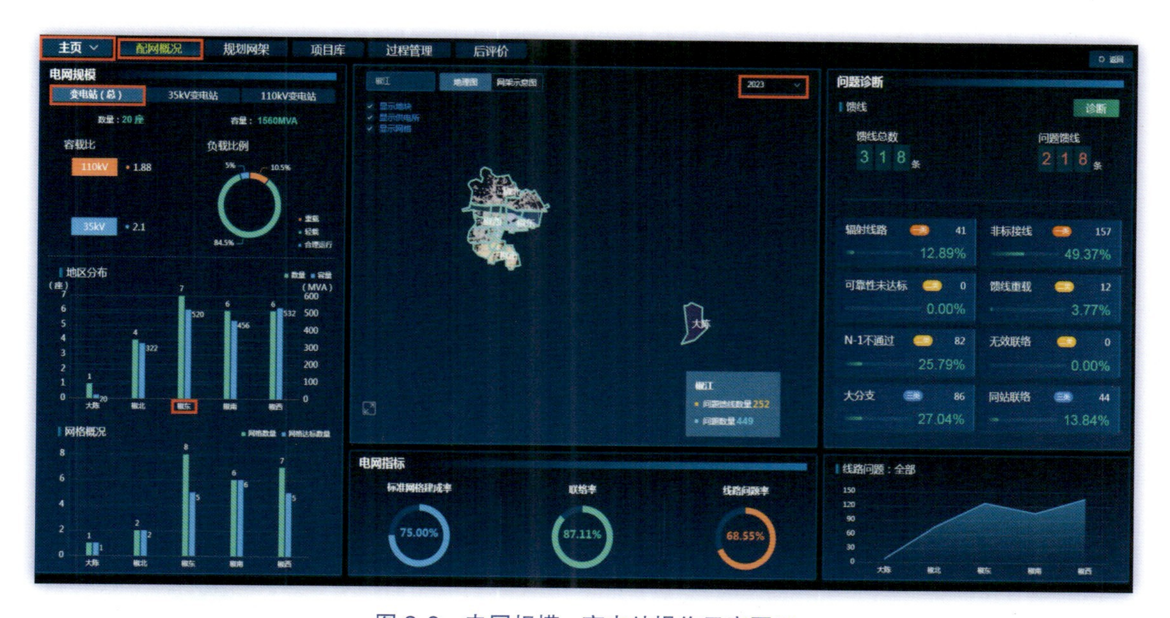


图 3-9　电网规模 - 变电站操作示意图 7

图 3-10　电网规模 - 变电站操作示意图 8

2）容载比

基于网供负荷数据汇总计算地市、各区县容载比指标，支持查看各单位 110 kV、35 kV 电压等级容载比，以供区域供电能力分析。

功能路径："首页—主页—配网概况—电网规模—容载比"。

操作说明：

在地市公司首页界面左上角下拉选择主页，单击"配网概况"按钮，下拉选择数据年份，在"容载比"模块可查看对应的电压等级容载比。如图 3-11 所示，所呈现的就是某地市区的容载比情况，2023 年，其 110 kV 容载比为 2.01；35 kV 容载比为 2.14。该区域容载比高于导则建议值，整体供电能力充裕，局部供电不足。

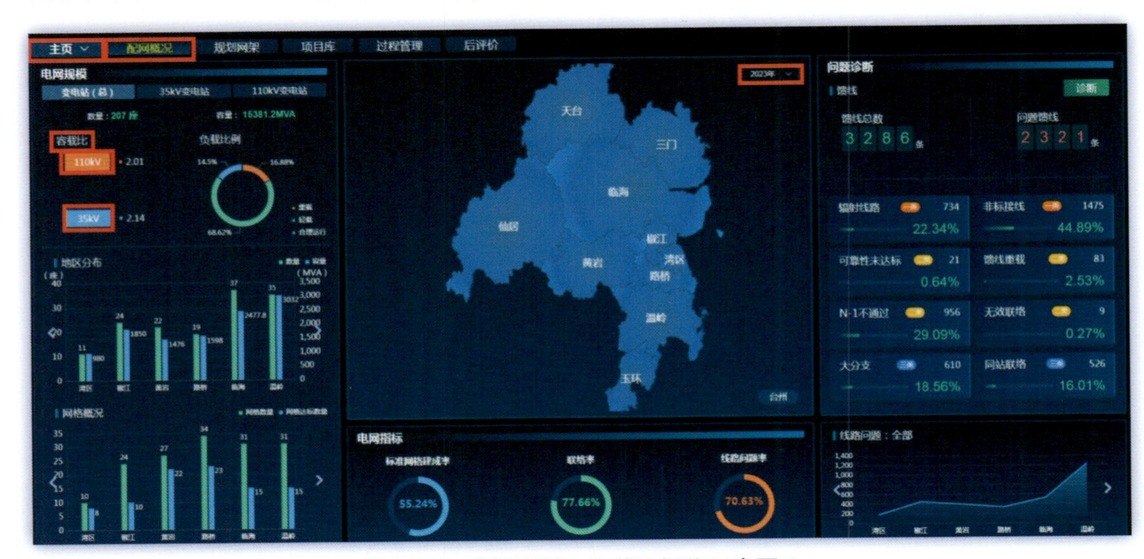

图 3-11　电网规模 - 容载比操作示意图 1

在区县公司首页界面左上角下拉选择主页，单击“配网概况”按钮，下拉选择数据年份，选择地市经营区下的某一具体区县经营范围，单击穿透进入该区县配网概况界面，在“容载比”模块查看对应电压等级容载比。如图 3-12 所示，所呈现的就是某地市下辖某一区县的容载比情况，2023 年，其 110 kV 容载比为 1.88；35 kV 容载比为 2.1。该区域容载比高于导则建议值，整体供电能力充裕，局部供电不足。

图 3-12　电网规模 - 容载比操作示意图 2

### 3）负载比例

基于地市、各区县单位变电站负荷数据，计算各变电站最大负载率指标，汇总分析各区域变电站年度最大负载率指标，并以环形比例图呈现，支持各单位分析查看变电站负载情况，为后续针对性精准规划提供决策依据。

**功能路径：**“首页—主页—配网概况—电网规模—负载比例”。

**操作说明：**

在地市公司首页界面左上角下拉选择主页，单击“配网概况”按钮，下拉选择数据年份，在“负载比率”模块可查看对应电压等级变电站重载、轻载、合理运行占比分布情况，以环形占比图直观展示。如图 3-13 所示，所呈现的就是某地市的变电站负载率分布情况，2023 年，其重载变电站占比 16.88%，合理运行变电站占比 14.5%，轻载变电站占比 68.62%。从变电站负载率分布来看，该区域变电站负载不均衡的问题较为突出，后续可通过主变扩建、新增布点、负荷割接等措施缓解主变重载问题，变电站轻载问题可以待供区负荷自然增长后得到有效缓解。

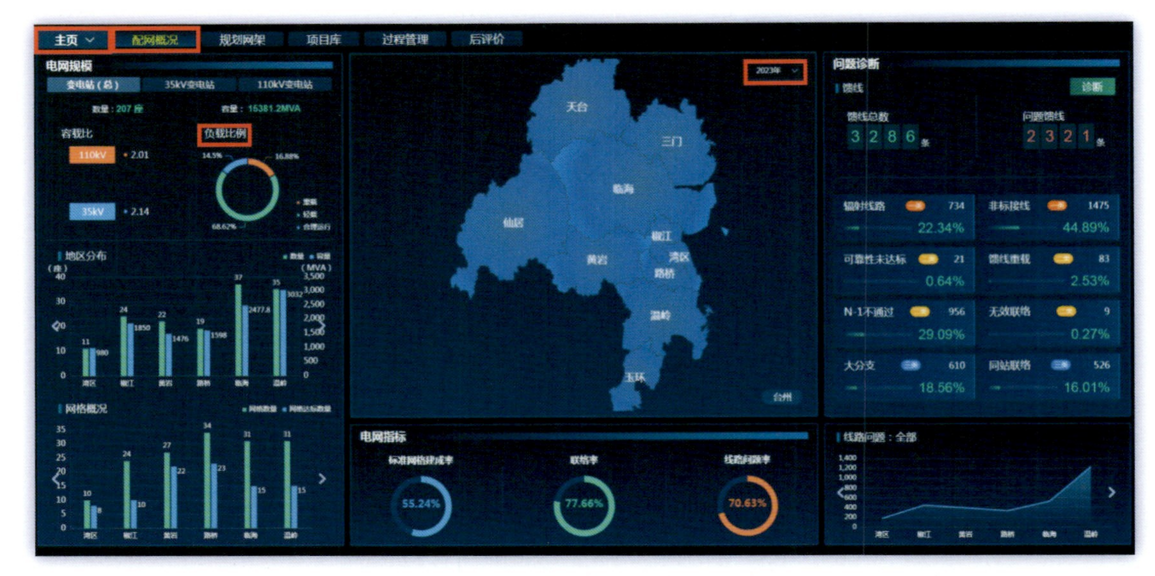

图 3-13　电网规模 - 负载比例操作示意图 1

在区县公司首页界面左上角下拉选择主页，单击“配网概况”按钮，下拉选择数据年份，选择地市经营区下的某一具体区县经营范围，单击穿透进入该区县配网概况界面，在“负载比率”模块可查看对应电压等级变电站重载、轻载、合理运行占比分布情况，以环形占比图直观展示。如图 3-14 所示，所呈现的就是某区县的变电站负载率分布情况，2023 年，其重载变电站占比 10.5%，合理运行变电站占比 5%，轻载变电站占比 84.5%。从变电站负载率分布来看，该区域变电站负载不均衡的问题较为突出，后续可通过主变扩建、新增布点、负荷割接等措施缓解主变重载问题，变电站轻载问题可以待供区负荷自然增长后得到有效缓解。

图 3-14　电网规模 - 负载比例操作示意图 2

### 3.1.2 标准网格管理

该功能模块主要用于表征某一供电范围配电网网架搭建情况，若某一配电网网格内所有线路主干线均为标准联络，则该网格认定为标准网格；否则，为非标准网格。其具体评判标准为该供电范围供电网格内除专线、单一大容量用户公线外不得存在单辐射线路，线路联络方式不得为首端、中段、分支线、同杆双 / 多回线路联络等无效联络方式；主干线不存在小线径；主干线不应有架空同杆双 / 多回自环线路；分支线负荷不得超过主干线负荷的 50%。[ 其中供电网格是开展中压配电网目标网架规划的基本单位。供电网格宜结合道路、铁路、河流和山丘等明显的地理形态进行划分，与国土空间规划相适应。在城市电网规划中，可以街区（群）、地块（组）作为供电网格；在乡村电网规划中，可以乡镇作为供电网格。]

**功能路径：**“首页—主页—配网概况—电网规模—网格概况”。

**操作说明：**

在地市公司首页界面左上角下拉选择主页，单击“配网概况”按钮，下拉选择数据年份，在“网格概况”模块，以柱状图形式体现辖区各区县公司网格数量及网格达标数量。其中绿色柱状图为该区县配电网网格总数，蓝色柱状图为该区县配电网达标网格数。从图 3-15 中可以直观看出该地市下辖区县标准网格建设情况，受限于不同地区的网架建设条件，其中某区标准接线网格建设率已达 80%，而另一区标准接线网格建设率仅为 41.67%。该功能模块支持查看分析辖区各区县标准网格建设情况，为后续针对性网架提升提供决策依据。

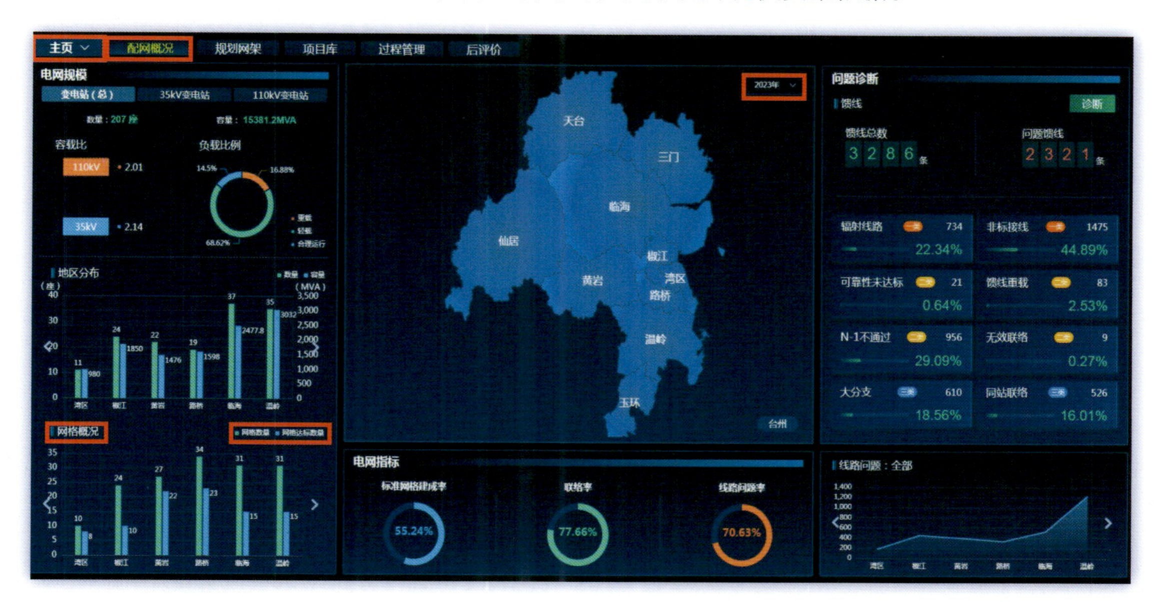


图 3-15 电网规模 - 网格概况操作示意图 1

在区县公司首页界面左上角下拉选择主页，单击“配网概况”按钮，下拉选择数据年份，选择地市经营区下的某一具体区县经营范围，单击穿透进入该区县配网概况界面，在“网格概况”模块，以柱状图形式体现辖区各供电分区网格数量及网格达标数量。其中绿色柱状图为该区县配电网网格总数，蓝色柱状图为该区县配电网达标网格数。从图 3-16 中可以直观看出该地区县下辖供电分区标准网格建设情况，受限于不同供电分区的网架建设条件，其中某供电分区标准接线网格建设率已达 100%，而另一供电分区标准接线网格建设率仅为 62.5%。该功能模块支持查看分析辖区各供电分区标准网格建设情况，为后续针对性网架提升提供决策依据。

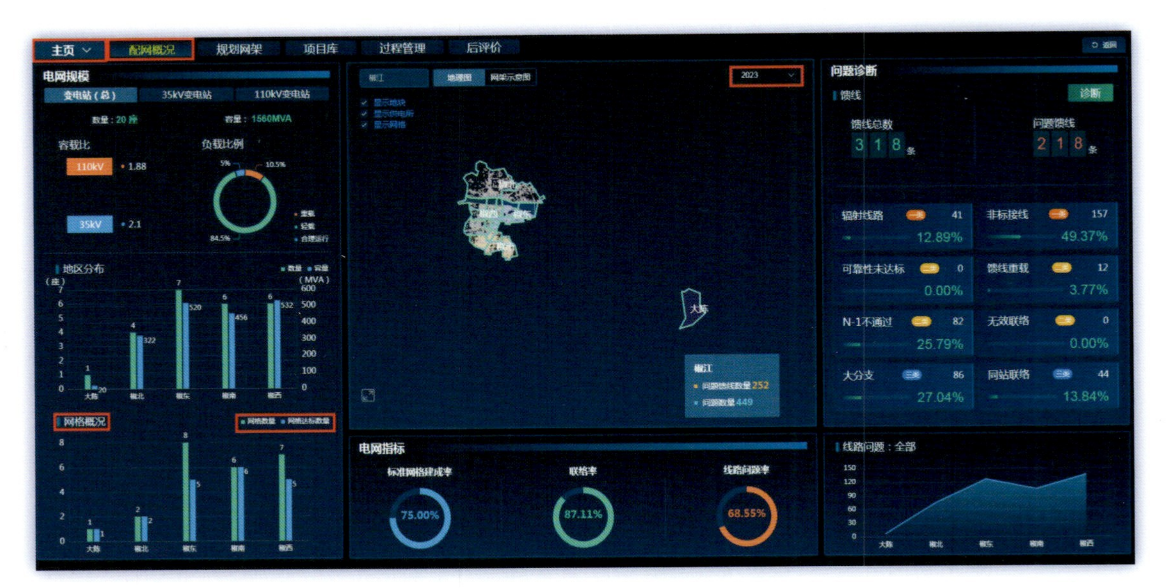

图 3-16　电网规模 - 网格概况操作示意图 2

## 3.1.3　问题诊断管理

问题诊断主要从配电网网架结构、运行水平和可靠性计算评估，按照问题严重程度呈现三大类、八大项具体问题，分别为网架结构中的辐射线路、非标接线、无效联络、大分支、同站联络，运行水平中馈线重载、N-1 不通过以及可靠性中的可靠性未达标率。通过指标计算以折线图形式进行展现，全面、准确衡量各供电区域电网网架结构和运行水平，并生成网架结构问题清单。

**功能路径：**“首页—主页—配网概况—问题诊断”。

**操作说明：**

在地市公司首页界面左上角下拉选择主页，单击“配网概况”按钮，下拉选择数据年份，在“问题诊断”模块，以直观数据以及折线图形式体现具体问题馈线以及线路条数，并以折线图形式体现辖区各区县公司问题馈线总量。该功能模块支持查看分析辖区各区县配电网问题情况，明确配电网的薄弱环节，对把握配电网发展方向、明确投资重点、提升发展质量与安全稳定水平具有重要意义，为后续针对性网架提升提供决策依据。

从图 3-17 中可以直观看出该地市下辖区县馈线总数共计 3 286 条，其中问题馈线 2 321 条。

图 3-17　问题诊断操作示意图 1

在区县公司首页界面左上角下拉选择主页，单击“配网概况”按钮，下拉选择数据年份，选择地市经营区下的某一具体区县经营范围，单击穿透进入该区县配网概况界面，在“电网诊断”模块，以直观数据以及折线图形式体现具体问题馈线以及线路条数，并以折线图形式体现辖区各供电分区问题馈线总量。从图 3-18 中可以直观看出某区县下辖五个供电分区，涉及馈线总数共计 318 条，其中存在问题馈线 218 条。

图 3-18　问题诊断操作示意图 2

1）辐射线路

单辐射线路指从一个变电站通过一条主要的馈电线向用户供电的接线模式。本功能模块全面统计各单位配电网线路网架结构中的单辐射线路条数，支持查看各单位线路总数、辐射线路占比数据，直观展示网架结构水平。

功能路径："主页—首页—配网概况—问题诊断—辐射线路"。

操作说明：

在地市公司首页界面左上角下拉选择主页，单击"配网概况"按钮，下拉选择数据年份，在"问题诊断"模块单击"辐射线路"，查看辐射线路条数和百分比占比数据，并以折线图形式体现辖区各区县公司配电网辐射线路数量，便于进行对比分析。从图 3-19 中可以看出某地市配电网辐射线路截至 2023 年共有 734 条，占总配电线路的 22.34%。

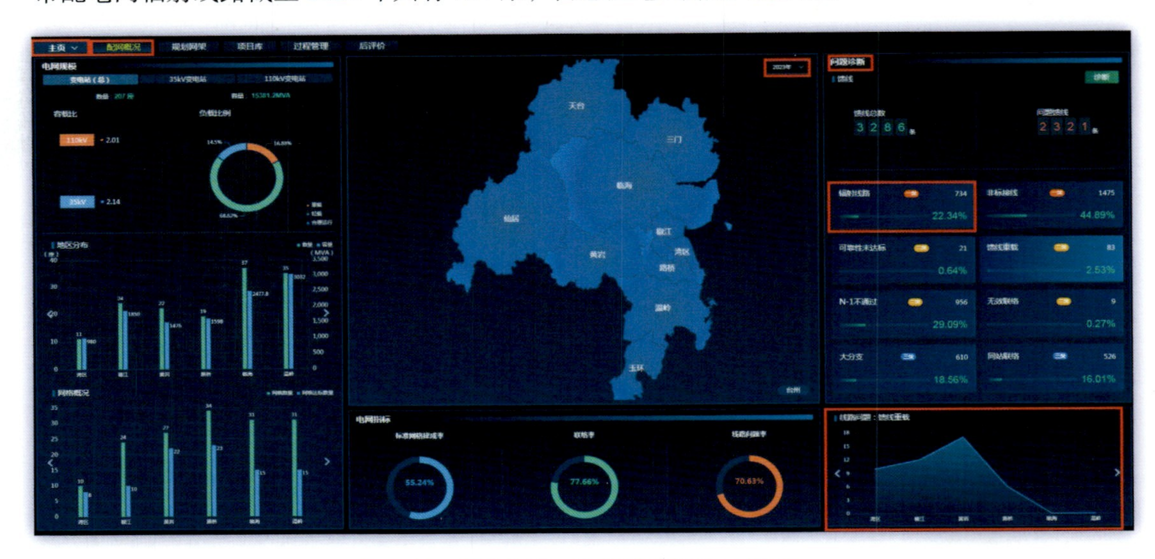

图 3-19　问题诊断 - 辐射线路操作示意图 1

在区县公司首页界面左上角下拉选择主页，单击"配网概况"按钮，下拉选择数据年份，选择地市经营区下的某一具体区县经营范围，单击穿透进入该区县配网概况界面，在"电网诊断"模块单击"辐射线路"，查看辐射线路条数和百分比占比数据，并以折线图形式体现某区县各供电分区配电网辐射线路数量，便于进行对比分析。从图 3-20 中可以看出某区县配电网辐射线路截至 2023 年共有 41 条，占总配电线路的 12.89%。

2）非标接线

非标接线指针对配电网网架中单一 10（20）kV 线路接线模式为单辐射线路，线路联络方式为首端、中段、分支线、同杆双 / 多回线路联络等无效联络方式；主干线存在架空同杆双 / 多回自环线路。本功能模块全面统计各单位配电网线路网架结构中的非标接线线路条数，支持查看各单位线路总数、非标接线线路占比数据，直观展示网架结构水平。

功能路径："主页—首页—配网概况—问题诊断—非标接线"。

图 3-20　问题诊断 - 辐射线路操作示意图 2

**操作说明：**

在地市公司首页界面左上角下拉选择主页，单击“配网概况”按钮，下拉选择数据年份，在“问题诊断”模块单击“非标接线”，查看非标接线线路条数和百分比占比数据，并以折线图形式体现辖区各区县公司配电网非标接线线路数量，便于进行对比分析。从图 3-21 中可以看出某地市配电网非标接线线路截至 2023 年共有 1 475 条，占总配电线路的 44.89%。

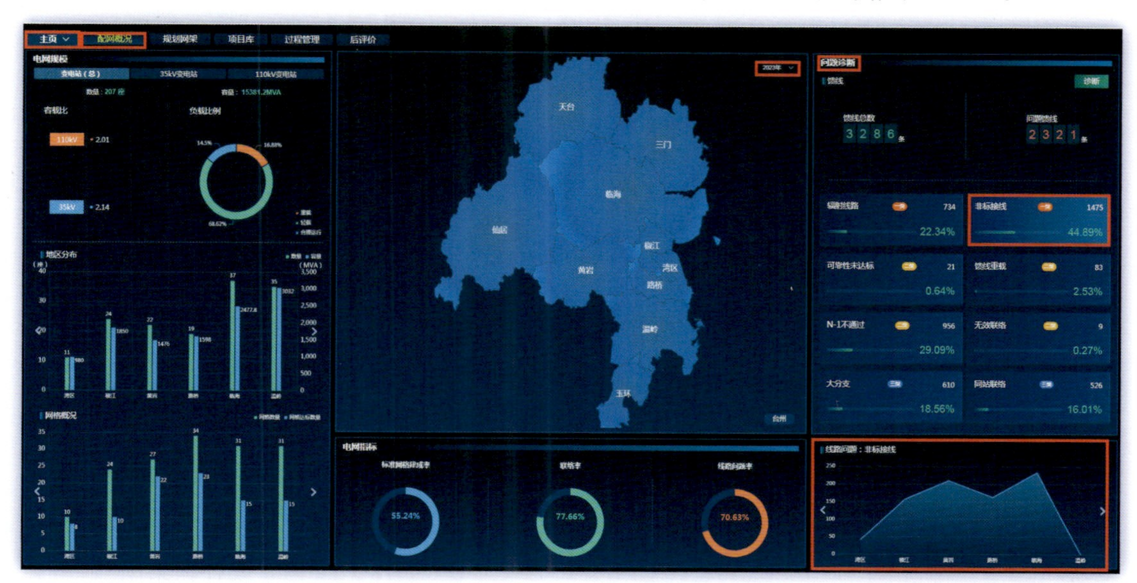


图 3-21　问题诊断 - 非标接线操作示意图 1

在区县公司首页界面左上角下拉选择主页，单击“配网概况”按钮，下拉选择数据年份，选择地市经营区下的某一具体区县经营范围，单击穿透进入该区县配网概况界面，在“电网诊断”模块单击“非标接线”，查看非标接线线路条数和百分比占比数据，并以折线图形式体现某区县各供电分区配电网辐射线路数量，便于进行对比分析。从图 3-22 中可以看出某区县配非标接线线路截至 2023 年共有 157 条，占总配电线路的 49.37%。

图 3-22　问题诊断 - 非标接线操作示意图 2

3）可靠性未达标

可靠性未达标指通过集成设备部指标，如供电可靠率、用户平均停电次数、用户平均停电时间等体现该单位城网、农网的供电可靠性情况，为后续针对性精准规划提供决策依据，并为该项指标设定一个达标值，年度可靠性大于等于该值即定义为达标，支持查看各单位供电可靠性达标情况，直观展示网架综合水平。

**功能路径：**“主页—首页—配网概况—问题诊断—可靠性未达标”。

**操作说明：**

在地市公司首页界面左上角下拉选择主页，单击“配网概况”按钮，下拉选择数据年份，在“问题诊断”模块单击“可靠性未达标”，查看可靠性未达标区县和百分比占比数据，并以折线图形式体现辖区各区县公司可靠性是否未达标，便于进行对比分析。从图 3-23 中可以看出某地市 2023 年可靠性未达标线路共有 21 条，占总配电线路的 0.64%。

在区县公司首页界面左上角下拉选择主页，单击“配网概况”按钮，下拉选择数据年份，选择地市经营区下的某一具体区县经营范围，单击穿透进入该区县配网概况界面，在“问题诊断”模块单击“可靠性未达标”，查看可靠性未达标供电分区和百分比占比数据，并以折线图形式体现辖区各供电分区可靠性是否未达标，便于进行对比分析。从图 3-24 中可以看出某区县 2023 年可靠性未达标线路共有 0 条。

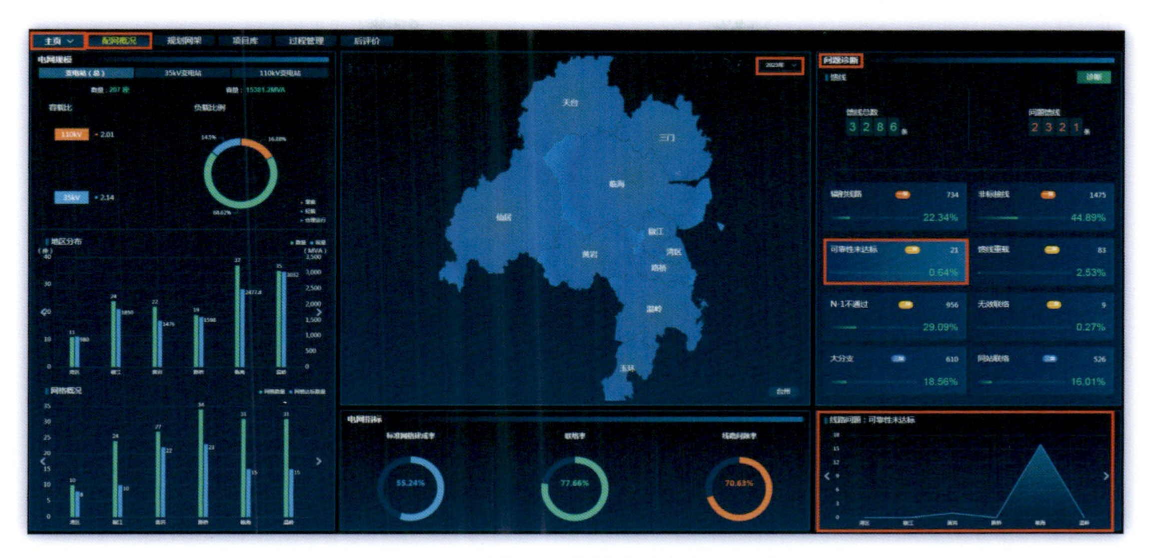


图 3-23　问题诊断 - 可靠性未达标操作示意图 1

图 3-24　问题诊断 - 可靠性未达标操作示意图 2

### 4）馈线重载

馈线重载基于配电线路运行数据、线路标签、国网线路负载水平标准，计算汇总各单位线路负载超重载标准数量，支持各单位分析查看各区域线路重载情况，为后续深入分析网荷匹配程度提供依据。

**功能路径：**“主页—首页—配网概况—问题诊断—馈线重载”。

**操作说明：**

在地市公司首页界面左上角下拉选择主页，单击“配网概况”按钮，下拉选择数据年份，在“问题诊断”模块单击“馈线重载”，查看馈线重载线路和百分比占比数据，并以折线图形式体现辖区各区县公司馈线重载线路条数，便于进行对比分析。从图 3-25 中可以看出某地市

2023 年馈线重载线路共有 83 条，占总配电线路的 2.53%。

在区县公司首页界面左上角下拉选择主页，单击“配网概况”按钮，下拉选择数据年份，选择地市经营区下的某一具体区县经营范围，单击穿透进入该区县配网概况界面，在“问题诊断”模块单击“馈线重载”，查看馈线重载线路和百分比占比数据，并以折线图形式体现辖区各供电分区馈线重载线路条数，便于进行对比分析。从图 3-26 中可以看出某区县 2023 年馈线重载线路共有 12 条，占总配电线路的 3.77%。

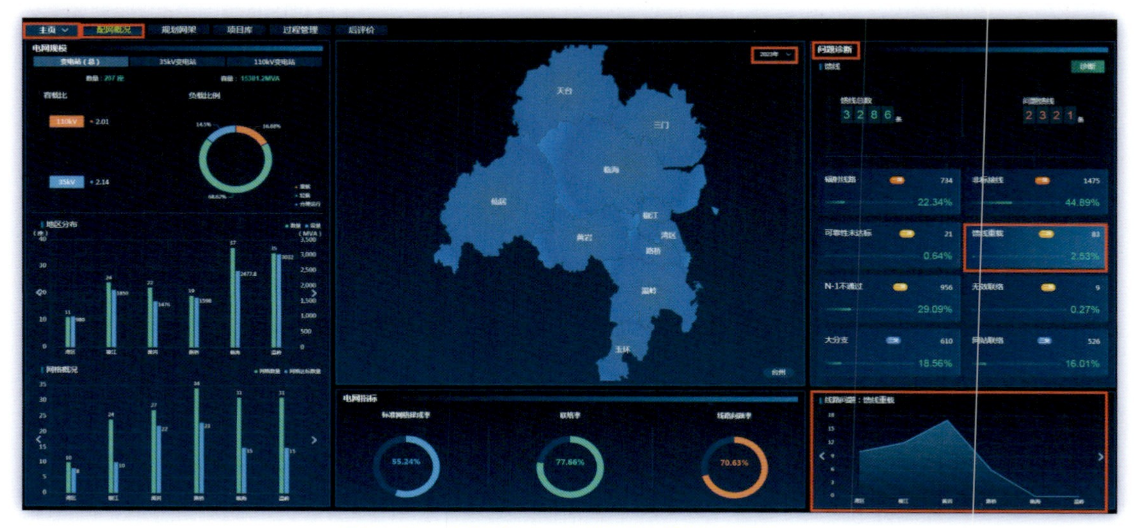


图 3-25　问题诊断 - 馈线重载操作示意图 1

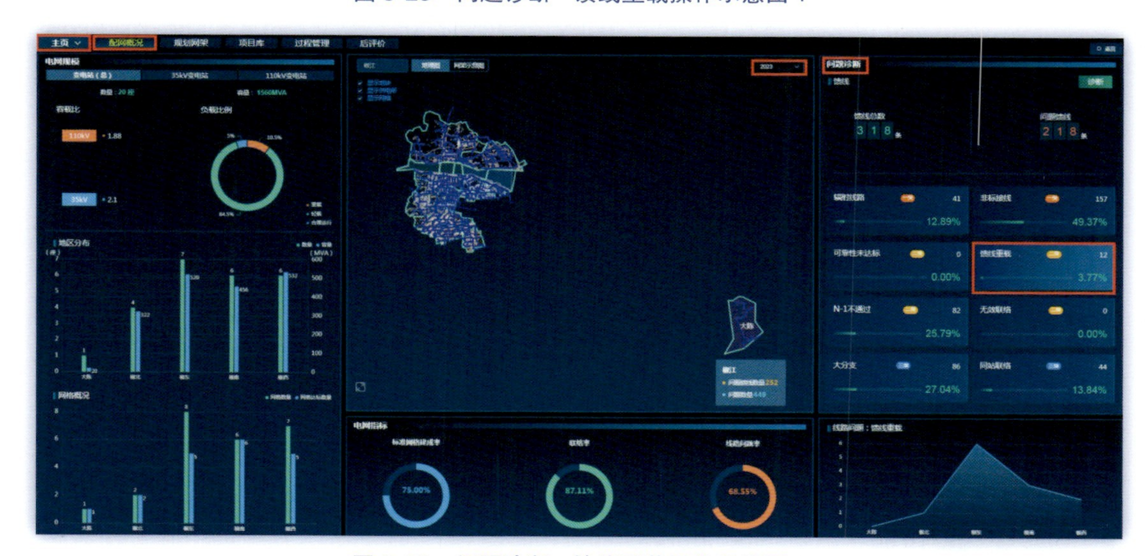


图 3-26　问题诊断 - 馈线重载操作示意图 2

5）N-1 不通过

全面统计分析各单位配网线路 N-1 校验情况，支持查看 N-1 不通过线路条数、不满足 N-1 线路条数及占比，辅助分析配网线路 N-1 通过率，为后续构建配网目标网架提供基础。

**功能路径：**“主页—首页—配网概况—问题诊断—N-1 不通过”。

**操作说明：**

在地市公司首页界面左上角下拉选择主页，单击“配网概况”按钮，下拉选择数据年份，在“问题诊断”模块单击“N-1 不通过”，查看 N-1 不通过线路和百分比占比数据，并以折线图形式体现辖区各区县公司 N-1 不通过线路条数，便于进行对比分析。从图 3-27 中可以看出某地市 2023 年 N-1 不通过线路共有 956 条，占总配电线路的 29.09%。

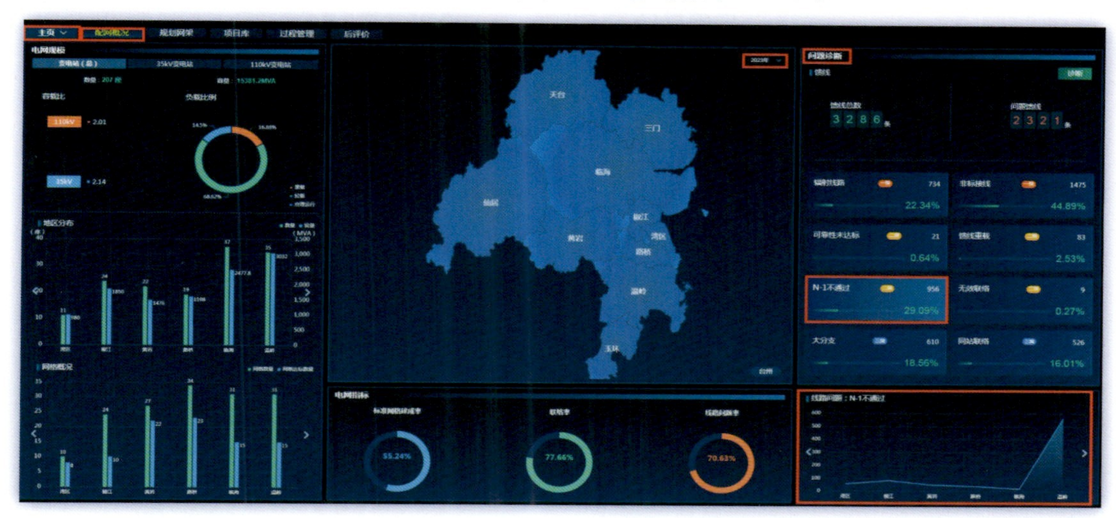


图 3-27 问题诊断 - N-1 不通过操作示意图 1

在区县公司首页界面左上角下拉选择主页，单击“配网概况”按钮，下拉选择数据年份，选择地市经营区下的某一具体区县经营范围，单击穿透进入该区县配网概况界面，在“问题诊断”模块单击“N-1 不通过”，查看 N-1 不通过线路和百分比占比数据，并以折线图形式体现辖区各供电分区馈线 N-1 不通过线路条数，便于进行对比分析。从图 3-28 中可以看出某区县 2023 年 N-1 不通过线路共有 82 条，占总配电线路的 25.79%。

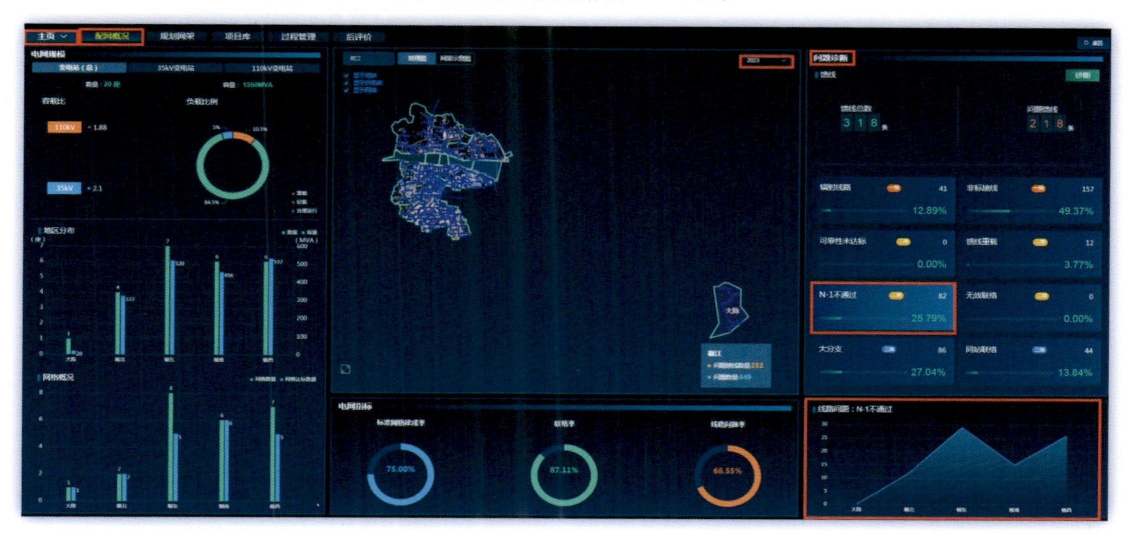


图 3-28 问题诊断 - N-1 不通过操作示意图 2

6）无效联络

全面统计分析各单位配电线路无效联络情况，无效联络线路指联络方式为首端、中段、分支线、同杆双 / 多回线路联络等联络方式的配电网线路。同时支持查看无效联络线路条数及占比，辅助分析配网网架结构合理性，梳理现状网架薄弱环节，以目标网架为导向，为后续优化区域网架结构提供基础。

**功能路径：**“主页—首页—配网概况—问题诊断—无效联络”。

**操作说明：**

在地市公司首页界面左上角下拉选择主页，单击“配网概况”按钮，下拉选择数据年份，在“问题诊断”模块单击“无效联络”，查看无效联络线路和百分比占比数据，并以折线图形式体现辖区各区县公司无效联络线路条数，便于进行对比分析。从图 3-29 中可以看出某地市 2023 年无效联络线路共有 9 条，占总配电线路的 0.27%。

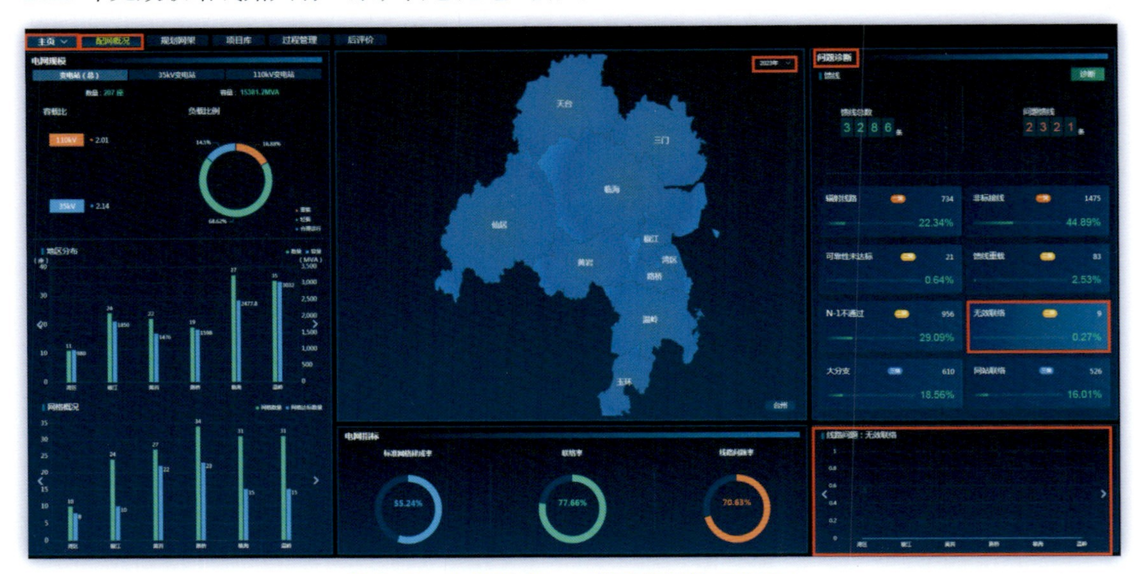

图 3-29　问题诊断 - 无效联络操作示意图 1

在区县公司首页界面左上角下拉选择主页，单击“配网概况”按钮，下拉选择数据年份，选择地市经营区下的某一具体区县经营范围，单击穿透进入该区县配网概况界面，在“问题诊断”模块单击“无效联络”，查看无效联络线路和百分比占比数据，并以折线图形式体现辖区各供电分区无效联络线路条数，便于进行对比分析。从图 3-30 中可以看出某地市 2023 年无效联络线路共有 0 条。

7）大分支

全面统计分析各单位大分支线路情况，大分支线路指主线存在挂接配变总数超 20 台或者支线负荷超过主干线负荷 50% 的支线线路。支持查看大分支线路条数及占比，辅助分析配网网架结构合理性，梳理现状网架薄弱环节，以目标网架为导向，为后续优化区域网架结构提供基础。

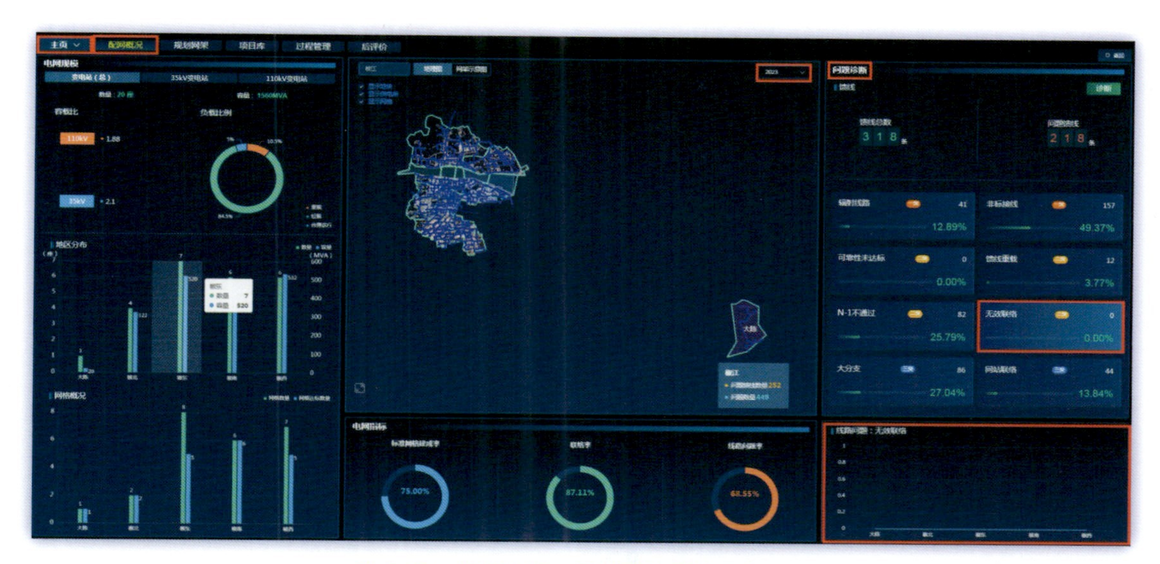

图 3-30 问题诊断 - 无效联络操作示意图 2

**功能路径：**“主页—首页—配网概况—问题诊断—大分支”。

**操作说明：**

在地市公司首页界面左上角下拉选择主页，单击“配网概况”按钮，下拉选择数据年份，在“问题诊断”模块单击“大分支”，查看大分支线路和百分比占比数据，并以折线图形式体现辖区各区县公司大分支线路条数，便于进行对比分析。从图 3-31 中可以看出某地市 2023 年存在大分支线路共有 610 条，占总配电线路的 18.56%。

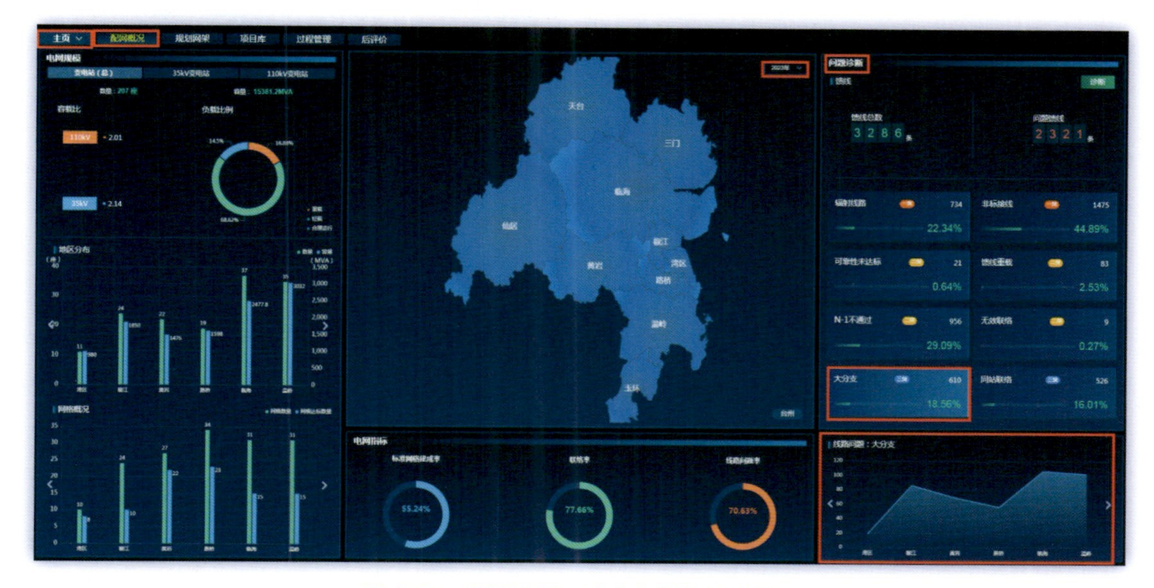

图 3-31 问题诊断 - 大分支操作示意图 1

在区县公司首页界面左上角下拉选择主页，单击“配网概况”按钮，下拉选择数据年份，选择地市经营区下的某一具体区县经营范围，单击穿透进入该区县配网概况界面，在“问题诊断”模块单击“大分支”，查看大分支线路和百分比占比数据，并以折线图形式体现辖区各供电分区大分支线路条数，便于进行对比分析。从图 3-32 中可以看出某区县 2023 年存在大分支线路共有 86 条，占总配电线路的 27.04%。

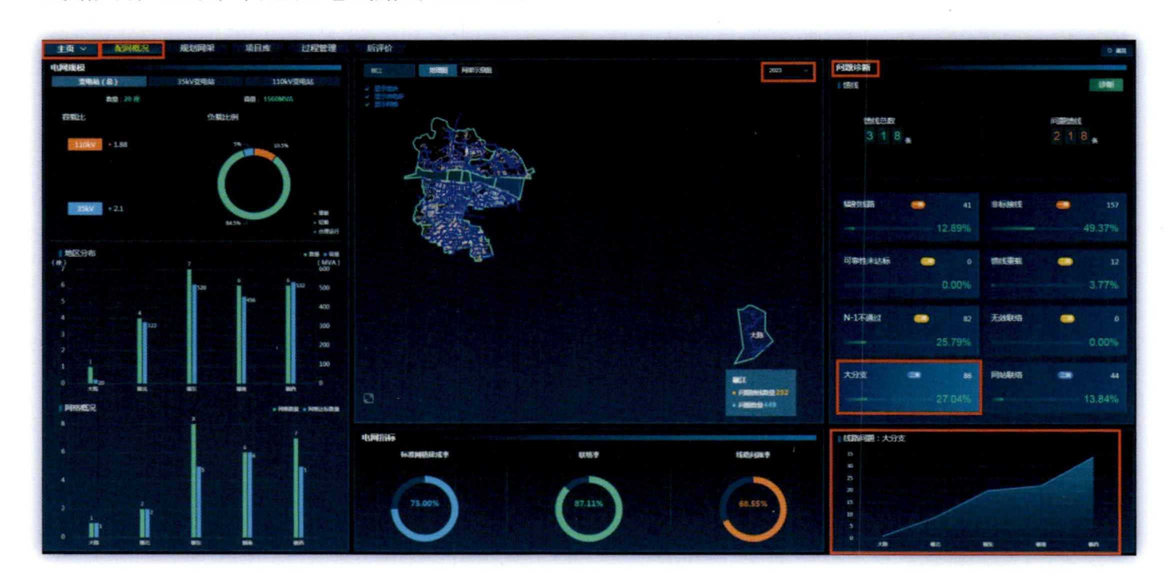

图 3-32　问题诊断 - 大分支操作示意图 2

8）同站联络

全面统计分析各单位配电网同站联络线路情况，同站联络线路指组成联络的配网线路出自同一上级变电站的同一 / 不同母线，支持查看同站联络线路条数及占比，辅助分析配网网架结构合理性，梳理现状网架薄弱环节，以目标网架为导向，为后续优化区域网架结构提供基础。

**功能路径：**“主页—首页—配网概况—问题诊断—同站联络”。

**操作说明：**

在地市公司首页界面左上角下拉选择主页，单击“配网概况”按钮，下拉选择数据年份，在“问题诊断”模块单击“同站联络”，查看同站联络线路和百分比占比数据，并以折线图形式体现辖区各区县公司同站联络线路条数，便于进行对比分析。从图 3-33 中可以看出某地市 2023 年存在同站联络线路共有 526 条，占总配电线路的 16.01%。

在区县公司首页界面左上角下拉选择主页，单击“配网概况”按钮，下拉选择数据年份，选择地市经营区下的某一具体区县经营范围，单击穿透进入该区县配网概况界面，在“问题诊断”模块单击“同站联络”，查看同站联络线路和百分比占比数据，并以折线图形式体现辖区各供电分区同站联络线路条数，便于进行对比分析。从图 3-34 中可以看出某地市 2023 年存在同站联络线路共有 44 条，占总配电线路的 13.84%。

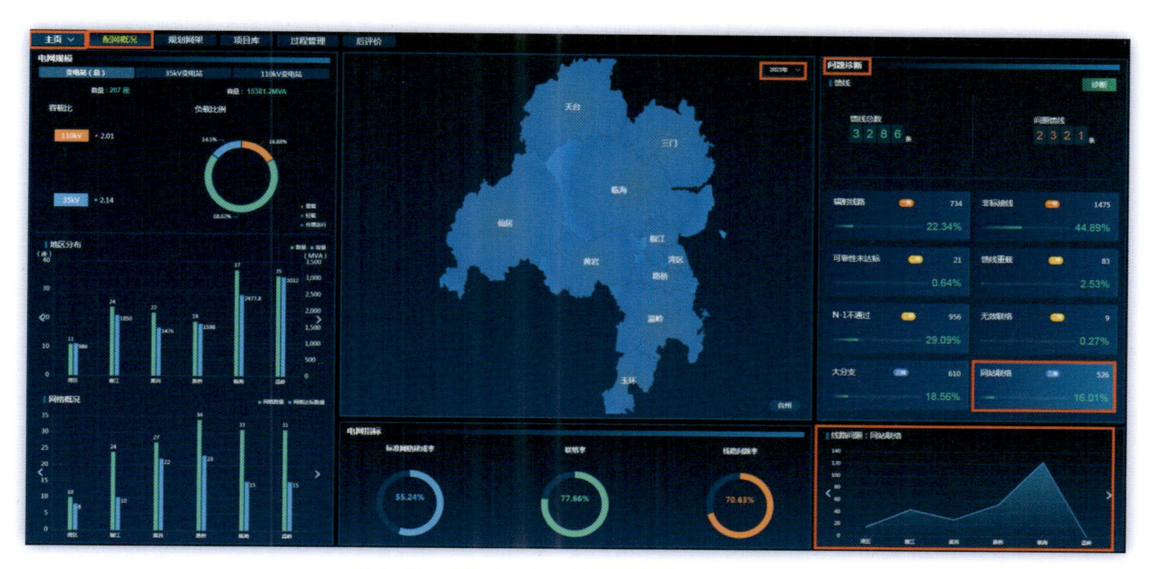

图 3-33 问题诊断 - 同站联络操作示意图 1

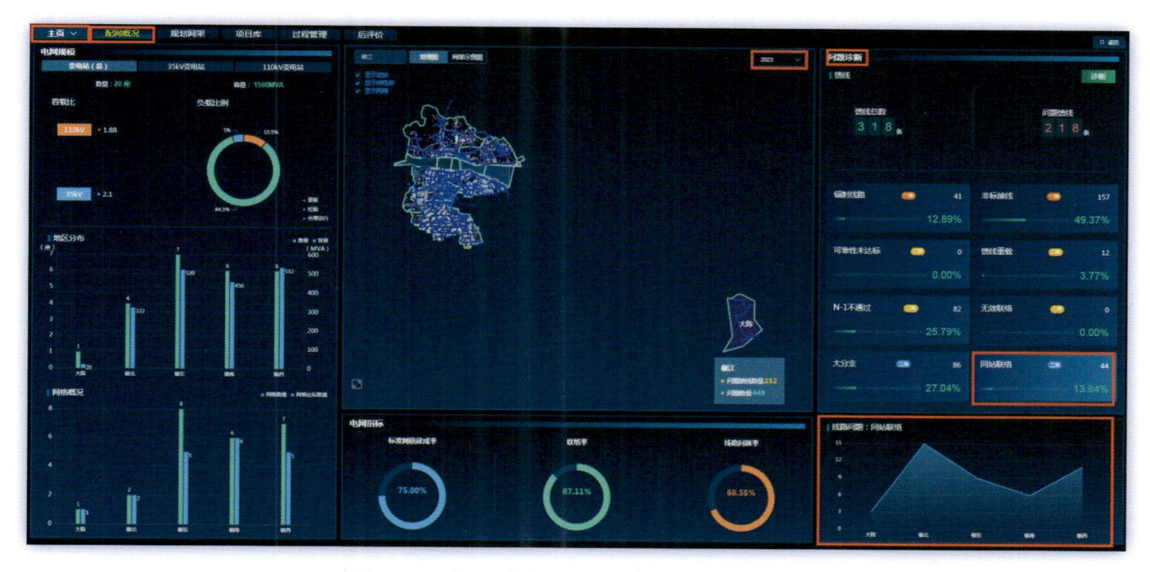

图 3-34 问题诊断 - 同站联络操作示意图 2

### 3.1.4 电网指标管理

电网指标管理主要是在问题诊断的基础上，从配电网标准网格建成率、线路联络率和线路问题率三个方面呈现目标区域电网的总体情况。通过指标计算以环形占比图形式进行展现，全面、准确衡量各供电区域电网网架水平，并生成网架结构、运行水平。其中标准网架建成率 =（年度实际投产标准接线网格个数 /“十四五”待建标准接线网格个数）×60%+（累计实际投产成熟网格个数 / 实际投产标准接线网格个数）×40%。其中标准接线网格建成标准应为网格内除专线、单一大容量用户公线外不得存在单辐射线路，线路联络方式不得为首端、中段、分支线、同杆双 / 多回线路联络等无效联络方式；主干线不存在小线径；主干线不应有架空同杆双 / 多回自环线路；分支线负荷不得超过主干线负荷的 50%。成熟网格应在年度已认定的标准接线网格基础上，建成标准为网格供电可靠率达 99.99% 及以上的网格（按照故障停电时户数口径统计）；线路联络率 = 已具备联络的馈线线路条数 / 总配电线路条数 ×100%。线路问题率 = 存在电网诊断问题（馈线、非标接线、可靠性未达标、馈线重载、N-1 不通过、无效联络、存在大分支、同站联络）配电线路 / 总配电线路条数 ×100%。

**功能路径：**“主页—首页—配网概况—电网指标—标准网格建成率 / 联络率 / 线路问题率”。

**操作说明：**

在地市公司首页界面左上角下拉选择主页，单击“配网概况”按钮，下拉选择数据年份，在“电网指标”模块下可直观查看区域电网标准网格建成率、配网线路联络率、配网线路问题率百分比数据，并且图表相互结合，通过环形占比图进行展示，总体反映出该地市配电网网架结构和运行水平情况。从图 3-35 中可以看出某地市 2023 年标准网格建成率、联络率、线路问题率指标数据分别为 55.24%、77.66%、70.63%。

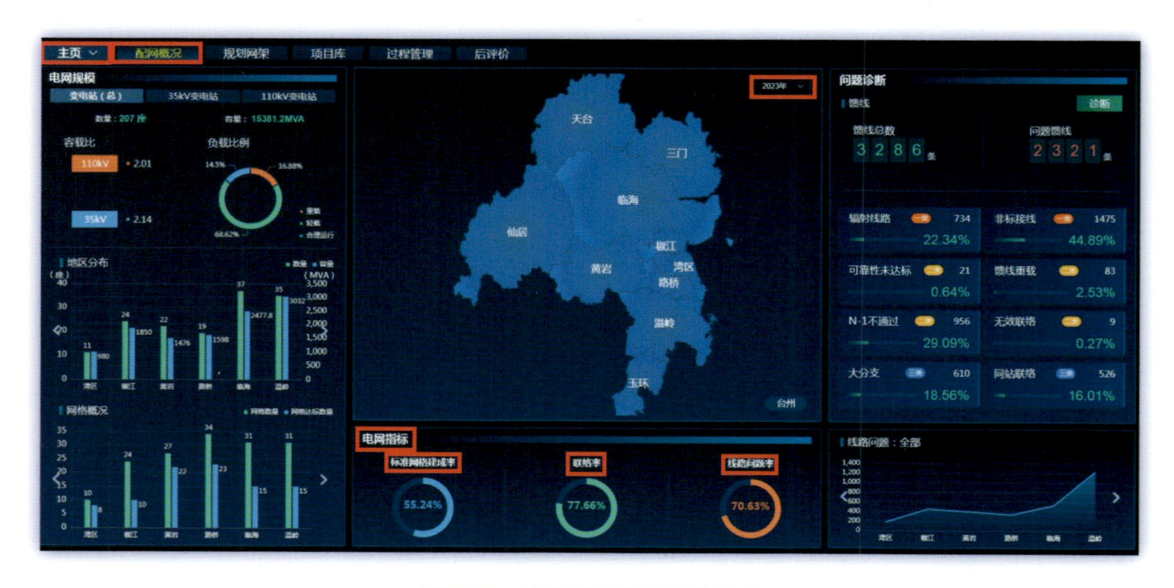


图 3-35　电网指标操作示意图 1

在区县公司首页界面左上角下拉选择主页，单击“配网概况”按钮，下拉选择数据年份，选择地市经营区下的某一具体区县经营范围，单击穿透进入该区县配网概况界面，在“电网指标”模块下可直观查看区域电网标准网格建成率、配网线路联络率、配网线路问题率数据，并且图表相互结合，通过环形占比图进行展示，总体反映出该区县配电网网架结构和运行水平情况。从图 3-36 中可以看出某区县 2023 年标准网格建成率、联络率、线路问题率指标数据分别为 75.00%、87.11%、68.55%。

图 3-36　电网指标操作示意图 2

## 3.2　规划网架

规划网架功能模块以地市供电公司和区县供电公司企业经营区范围为基准，自动识别取数，以年为单位，切取电网断面数据，根据规划方案，逐年度呈现配电网规划成果，形成时序电网，并以数据占比图进行呈现。

基于此，分地市供电公司和区县供电公司按照投资规模、电网规模、指标提升、预成效四个维度呈现 110 kV 及以下的电网情况。以量化分析为基础，客观、真实、准确定位配电网发展水平，分年度制定准确有效的改善措施，为日后的配电网规划滚动优化和投资安排奠定良好的基础。

**功能路径：**“首页—规划网架”。

**操作说明：**

①在地市公司首页界面左上角下拉选择主页，单击“规划网架”按钮，下拉选择数据年份。具体如图 3-37 所示。

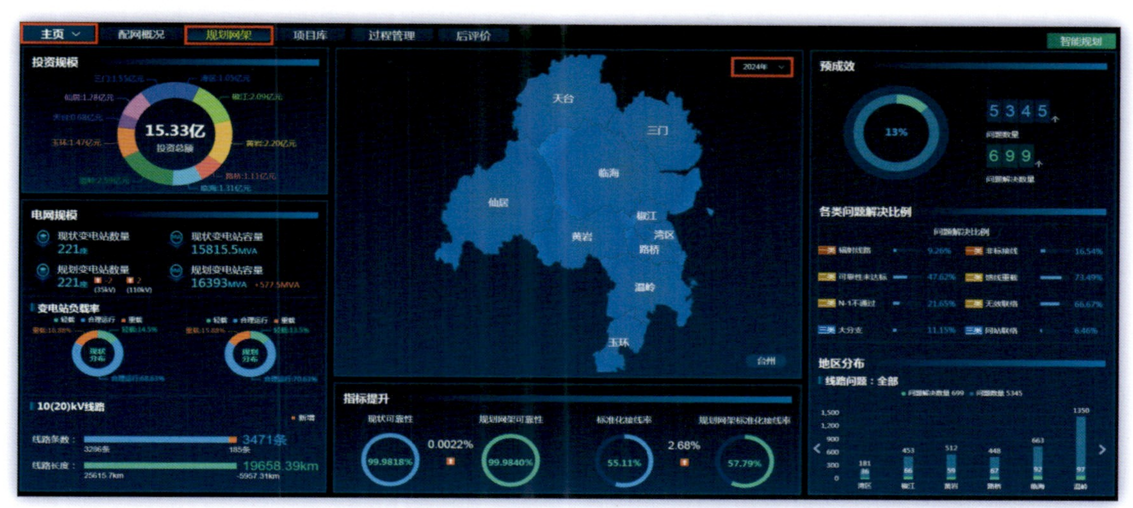


图 3-37　规划网架功能模块操作示意图 1

②双击地图中某县（区）区域，可以穿透进各县（区）的规划网架页面，如图 3-38 所示。

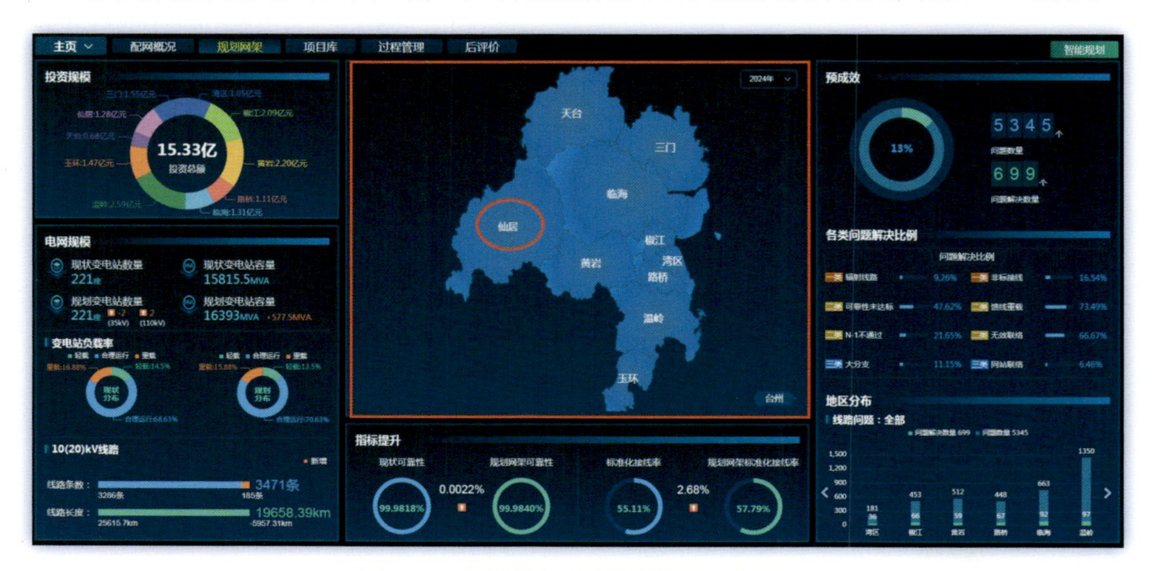


图 3-38　规划网架功能模块操作示意图 2

在首页界面左上角下拉选择主页，单击“规划网架”按钮，下拉选择数据年份，具体如图 3-39 所示。

图 3-39　规划网架功能模块操作示意图 3

## 3.2.1　投资规模

**功能说明：**投资规模在主页规划网架的左上角，以一个饼状图来展示，内圈显示了该市现状的投资总额，外圈显示了该市下属各县市现状的投资总额。通过饼状图可以直观地看到各个县市投资分盘比例，了解该县市配网分盘情况，有助于该市公司为下一年的投资策略提供决策，使用地市公司账号可以查看该地市内各个县（区）公司的网架类投资的分盘情况；使用县（区）公司账号可以查看该县（区）内各个乡镇（街道）的配网类投资的分盘情况。

**功能路径：**“首页 — 规划网架 — 投资规模”。

**操作说明：**

在地市公司首页界面左上角下拉选择主页，单击“配网概况”按钮，投资规模模块由系统自动生成投资分盘结果，其中包括该市配网网架类投资总额和对各县（区）的建议配网网架类投资金额。投资规模模块提供的投资分盘比例，可以为实际投资分盘提供数据参考。

如图 3-40 所示，可以看到该地市公司投资总额为 15.33 亿元，按照县公司实际电网建设需求、规划网架、用电负荷等分盘至各个县公司，各个县公司分配到的金额依次为 1.55 亿元、1.28 亿元、0.68 亿元、1.47 亿元、2.59 亿元、1.05 亿元、2.09 亿元、2.20 亿元、1.11 亿元、1.31 亿元。

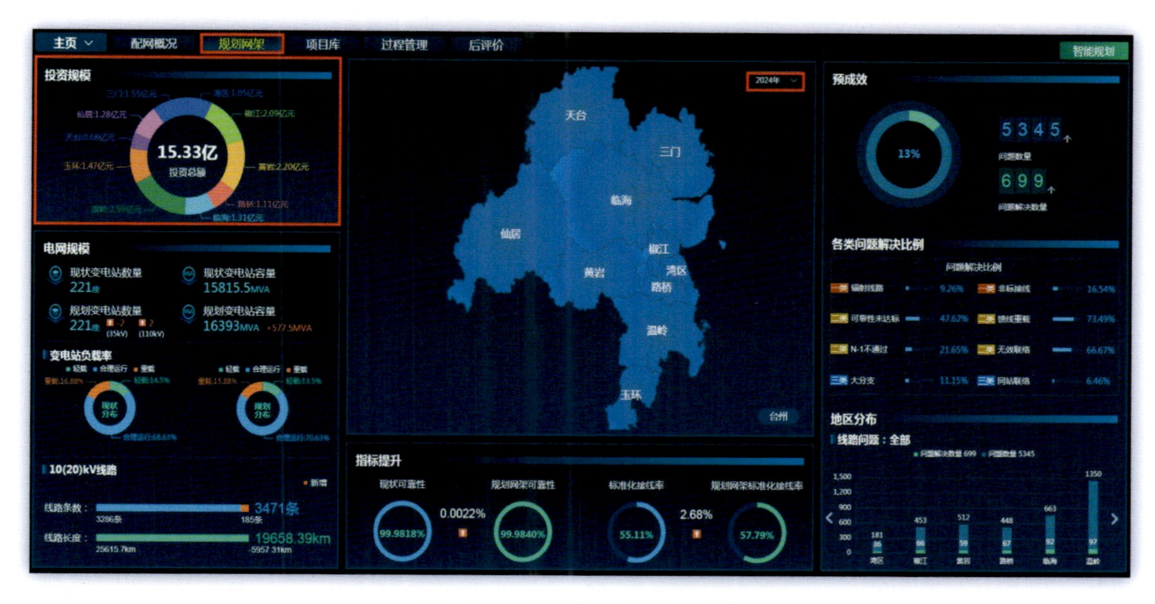


图 3-40 投资规模操作示意图 1

在县公司首页界面左上角下拉选择主页，单击“配网概况”按钮，在大屏幕左上角可以看到一个投资模块的饼状图，投资规模模块由系统自动生成投资分盘结果，其中包括该市配网网架类投资总额和对各县（区）的建议配网网架类投资金额。投资规模模块提供的投资分盘比例，可以为实际投资分盘提供数据参考。

以某县为例，进入该县的网架类投资分盘界面，图 3-41 中显示，该县的建议规划网架投资总额为 1.28 亿元，其中五个供电所辖区所分配到的网架类投资金额分别为 0.52、0.4、0.2、0.1、0.06 亿元。各供电所可以根据所分配的项目金额，开展对应的网架类配网项目储备，并逐步将其落地实施。

图 3-41　投资规模操作示意图 2

通过规划网架主页面中间的地理图可以查看该县的地理图和网架示意图，图 3-42 显示了该县本年度的网架类投资总额、各个供电所辖区内的供电网格、线路以及分配到的网架类投资金额。以某县为例，该县五个供电所辖区所分配到的网架类投资金额分别为 0.52、0.4、0.2、0.1、0.06 亿元，其中主要投资为城峰供电所管辖范围，该区域由于今年工业园区入驻较多，用电需求较大，需要新建变电站配套出线，因此改造需求最大；投资最少的为下各供电所管辖范围，该区域属于山区，现状接线模式已经基本形成联络，仅存在部分老旧线路换杆换线工作。

图 3-42　投资规模操作示意图 3

电网规模是指电力系统中各级电网的总装机容量和供电范围，在电力行业中，电网规模的大小与地区电力供应能力密切相关。通过电网规模模块，可以直观看到现状以及改造后的变电站、10（20）kV 线路整体情况（包括负载率、线路长度等），更好了解当地电网建设概况，以及电网承载能力。

#### 1）规划变电站情况

**功能说明：**规划变电站布点，综合考虑到变电站的容载比（容载比是电网规划阶段在规划区域内安排变电总容量的重要宏观指标，是指在某一供电范围、某一电压等级的公用变电设备总容量（kV·A）与对应的网供最大总负荷（kW）的比值）、供电范围、经济性、可靠性、技术水平、环保与安全等要素，制定最优化的布点方案，从而提高电网的可靠性和稳定性。

**功能路径：**“首页—规划网架—电网规模—规划变电站”。

**操作说明：**

在地市公司首页界面左上角下拉选择主页，单击“规划网架”按钮，在大屏幕的左下角可查看该市现状变电站总数量及变电容量，规划变电站数量以及规划变电站容量。通过下拉年份，可以看到各个年份该市现状变电站总数量及变电容量，规划变电站数量以及规划变电站容量情况。

以某市为例，从图 3-43 中可以看到该市现状 35 kV 和 110 kV 变电站共有 221 座，现状变电站容量 15 815.5 MV·A；通过规划新增 110 kV 变电站 2 座，退运 35 kV 变电站 2 座，总变电站数量不变，总规划变电站容量达 16 393 MV·A，容量提升了 577.5 MV·A。

图 3-43　电网规模 - 规划变电站操作示意图 1

在区县公司首页界面左上角下拉选择主页，单击“规划网架”按钮，在大屏幕的左下角可查看该县公司现状变电站总数量及变电容量，规划变电站数量以及规划变电站容量。通过下拉年份，可以看到各个年份该县现状变电站总数量及变电容量，规划变电站数量以及规划变电站容量情况。

以某县为例，从图 3-44 中可以看到该市现状 35 kV 和 110 kV 变电站共有 15 座，现状变电站容量 849.6 MV・A；通过规划新增 110 kV 变电站 1 座，总变电站数量达 16 座，总规划变电站容量达 878.1 MV・A，容量提升了 28.5 MV・A。

图 3-44　电网规模 - 规划变电站操作示意图 2

2）变电站负载率情况

**功能说明：**变电站负载率是指变电站实际承载的负荷与其额定负荷之比，通常用百分比表示，是衡量变电站运行状态的一个重要参数，它不仅可以反映变电站所承受的负荷大小，还能影响变电站的正常运行。合理控制和调节负载率有助于提高变电站的效率、延长使用寿命以及减少变压器损耗，对于保证电力系统安全、稳定运行具有重要意义。在规划网架模块变电站负载率由两个饼状图来体现，一个代表了现状变电站轻载、合理运行、重载分布情况；另一个代表了规划变电站轻载、合理运行、重载分布情况。

**功能路径：**“首页—规划网架—电网规模—变电站负载率”。

**操作说明：**

在地市公司首页界面左上角下拉选择主页，单击“规划网架”按钮，在大屏幕的左下角可通过饼状图查看该市现状变电站轻载、合理运行、重载分布情况，以及规划变电站轻载、合理运行、重载分布情况。通过下拉年份，可以看到各个年份该市现状变电站轻载、合理运行、重载分布情况，以及规划变电站轻载、合理运行、重载分布情况。

以某市为例，从图 3-45 中可以看到该市现状变电站轻载、合理运行、重载分布情况，其中合理运行占总变电站比例为 68.63%，重载变电站占总变电站比例为 16.88%，轻载变电站占总变电站比例为 14.5%，说明大部分变电站都是合理运行，变电站布局使用较为合理。通过规划新增 2 座 110 kV 变电站，该市的变电站合理运行率由原来的 68.63% 提升至 70.63%，提升了 2%；该市的重载变电站比例由原来的 16.88% 降低至 15.88%，降低了 1%；该市的轻载变电站比例由原来的 14.5% 降低至 13.5%，降低了 1%。通过合理布局变电站规划布点，优化变电站配网之间的负荷分配，大大提高了变电站的合理运行效率，减少了变电站重过载比例。

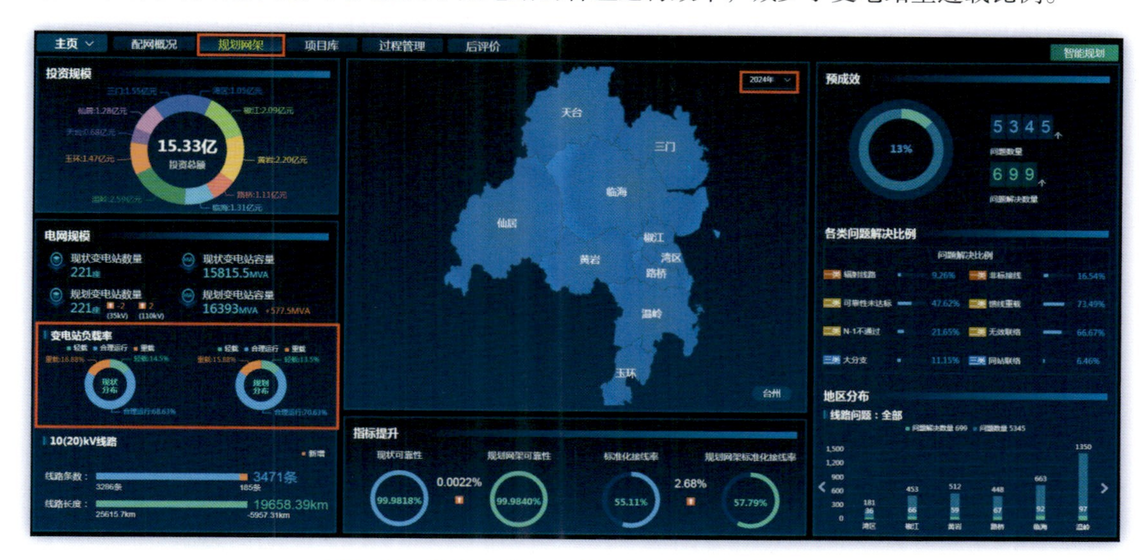


图 3-45　电网规模 - 变电站负载率操作示意图 1

在区县公司首页界面左上角下拉选择主页，单击“规划网架”按钮，在大屏幕的左下角可通过饼状图查看该县现状变电站轻载、合理运行、重载分布情况，以及规划变电站轻载、合理运行、重载分布情况。通过下拉年份，可以看到各个年份该县现状变电站轻载、合理运行、重载分布情况，以及规划变电站轻载、合理运行、重载分布情况。

以某县为例，从图 3-46 中可以看到该县现状变电站轻载、合理运行、重载分布情况，其中合理运行占总变电站比例为 76.89%，重载变电站占总变电站比例为 13.33%，轻载变电站占

图 3-46　电网规模 - 变电站负载率操作示意图 2

总变电站比例为 9.78%，说明大部分变电站都是合理运行，变电站布局使用较为合理。通过规划新增 1 座 110 kV 变电站，该县的变电站合理运行率由原来的 76.89 提升至 78.89%，提升了 2%；该市的重载变电站比例由原来的 13.33% 降低至 12.33%，降低了 1%；该市的轻载变电站比例由原来的 9.78% 降低至 8.78%，降低了 1%。通过合理布局变电站规划布点，优化变电站配网之间的负荷分配，大大提高了变电站的合理运行效率，减少了变电站重过载比例。

### 3）10（20）kV 线路情况

**功能说明：** 10（20）kV 线路是配电网分配电能的主要途径，其中包括电缆线路和架空线路，通过了解 10（20）kV 线路条数和长度，可以初步了解该地市配网规模情况，预测将来该地市配网规模情况。

**功能路径：** “首页—规划网架—电网规模—10（20）kV 线路”。

**操作说明：**

在地市公司首页界面左上角下拉选择主页，单击“规划网架”按钮，在大屏幕的左下角可查看该市现状 10（20）kV 线路条数、线路长度以及规划线路条数、线路长度。通过下拉年份，可以看到各个年份该市现状 10（20）kV 线路条数、线路长度以及规划线路条数、线路长度。

以某市为例，从图 3-47 中可以看到该市现状 10（20）kV 线路共有 3 286 条，总线路长度 25 615.7 km，通过新建 10（20）kV 联络线路、合并轻载线路、老旧线路改造等配网项目，该市 10（20）kV 线路由原来的 3 286 条提升至 3 471 条，新建了 185 条 10（20）kV 线路，线路长度由原来的 25 615.7 km 降低至 19 658.39 km，减少了 5 957.31 km 的 10（20）kV 线路长度。

图 3-47　电网规模 -10（20）kV 线路操作示意图 1

在县公司首页界面左上角下拉选择主页，单击“规划网架”按钮，在大屏幕的左下角可查看该市现状 10（20）kV 线路条数、线路长度以及规划线路条数、线路长度。通过下拉年份，可以看到各个年份该市现状 10（20）kV 线路条数、线路长度以及规划线路条数、线路长度。

以某县为例，从图 3-48 中可以看到该市现状 10（20）kV 线路共有 208 条，总线路长度

2 520.39 km，通过新建 10（20）kV 联络线路、合并轻载线路、老旧线路改造等配网项目，该市 10（20）kV 线路由原来的 208 条提升至 231 条，新建了 23 条 10（20）kV 线路，线路长度由原来的 2 520.39 km 降低至 1 655.29 km，减少了 865.09 km 的 10（20）kV 线路长度。

图 3-48　电网规模 -10（20）kV 线路操作示意图 2

## 3.2.2　预成效分析

**功能说明：**预成效是在开始一个项目前，通过分析和预估，设定的一系列目标和期望达到的效果，这些目标和效果需要能够明确和量化，而且是可行的。预成效作为公司或者组织达成愿景、目标和目的的重要手段，可以帮助公司更好地进行电网规划、资源配置、项目管理等。通过单击规划全过程规划网架模块，从配电网网架结构、运行水平和可靠性计算评估，按照问题严重程度呈现三大类、八项具体问题。分别为网架结构中的辐射线路、非标接线、无效联络、大分支、同站联络，运行水平中馈线重载、N-1 不通过以及可靠性中的可靠性达标率。该模块通过指标计算以柱状图形式进行展现，全面、准确衡量各供电区域电网网架结构和运行水平，并生成网架结构问题清单。

**功能路径：**“首页—规划网架—预成效”。

**操作说明：**

单击规划网架，通过预成效模块，可以看到该地市公司现状存在问题，以及各类问题解决情况。

以某市为例，从图 3-49 中可以看到市公司，总计存在辐射线路、非标接线、重过载等各类问题 6 044 个，通过规划解决了 699 个典型问题：其中辐射线路问题解决了 9.26%，非标接线问题解决了 16.54%，可靠性未达标问题解决了 47.62%，馈线重载问题解决了 73.49%，N-1 不通过问题解决了 21.65%，无效联络问题解决了 66.67%，大分支问题解决了 11.15%，同站联络问题解决了 6.46%，项目实施必要性较强。通过柱状图，可以直观地看到该市公司下属各县公司存在问题个数、问题解决数量，更好地帮助该市公司去开展项目可行性研究评审，评审项目必要性。

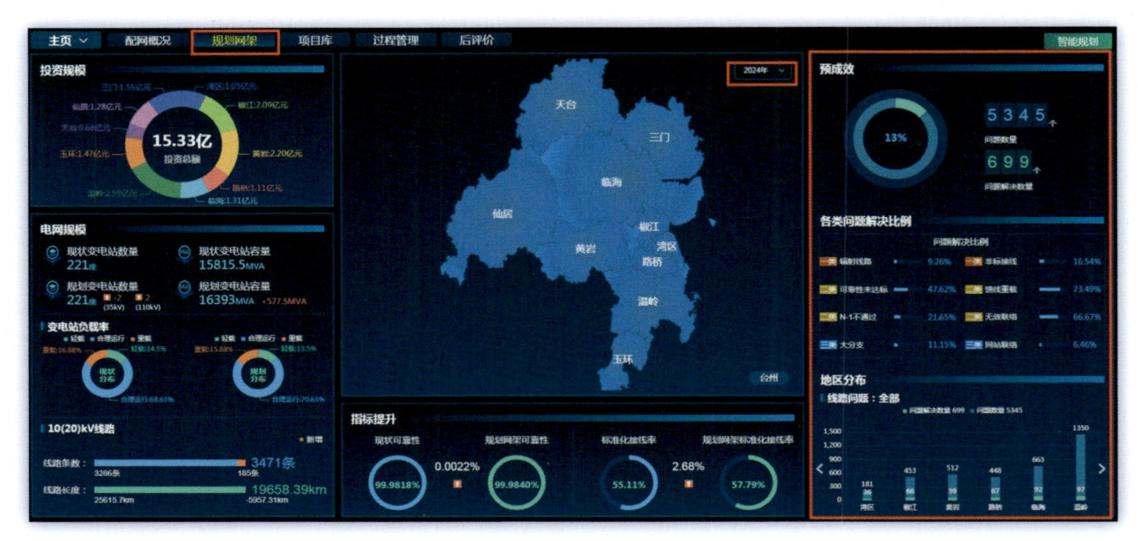


图 3-49　预成效模块操作示意图 1

以某县为例，从图 3-50 中可以看到该县公司，总计存在辐射线路、非标接线、重过载等各类问题 400 个，通过规划解决了 56 个典型问题：其中辐射线路问题解决了 75%，非标接线问题解决了 15.58%，可靠性未达标问题解决了 100%，馈线重载问题解决了 50%，N-1 不通过问题解决了 58.82%，无效联络问题解决了 0%，大分支问题解决了 20%，同站联络问题解决了 4.92%，项目实施必要性较强。通过柱状图，可以直观地看到该县公司各供电所存在问题个数、问题解决数量，更好地帮助该县公司去编制“配电网规划项目库”，合理储备项目，提高决策精准度。

图 3-50　预成效模块操作示意图 2

1）辐射线路

该模块是指全面统计规划方案建成后，各单位辐射问题解决问题比例。单辐射线路指从一个变电站通过一条主要的馈电线向用户供电的接线模式。

功能路径：“首页—规划网架—各类问题解决比例—辐射线路”。

操作说明：

在地市公司首页界面左上角下拉选择主页，单击“规划网架”按钮，下拉选择数据年份，查看辐射线路解决条数百分比占比数据，如图 3-51 所示。

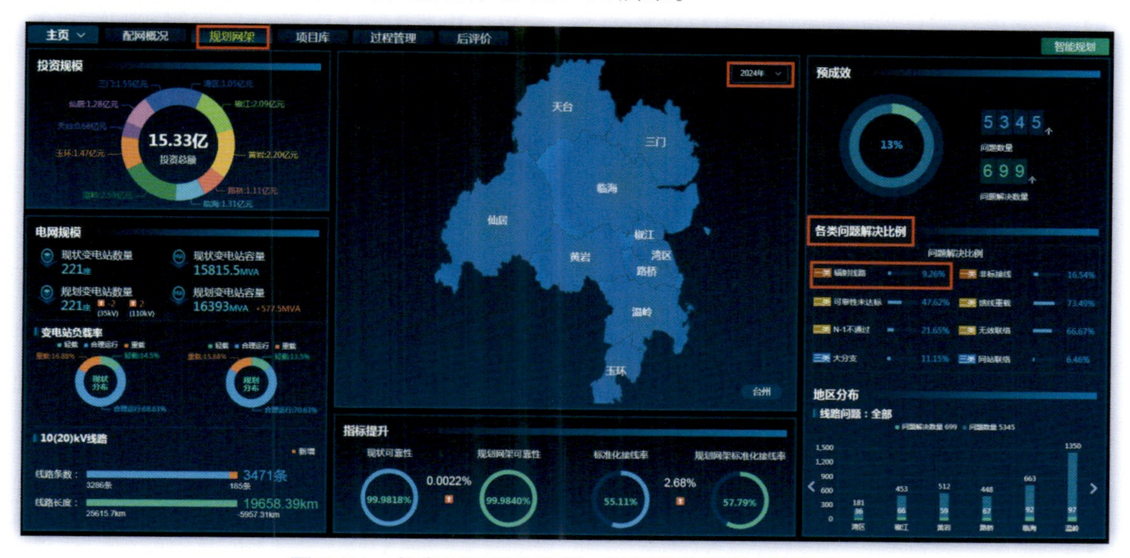


图 3-51 各类问题解决比例 - 辐射线路操作示意图 1

在区县公司首页界面左上角下拉选择主页，单击“规划网架”按钮，下拉选择数据年份，查看辐射线路解决条数百分比占比数据，如图 3-52 所示。

图 3-52 各类问题解决比例 - 辐射线路操作示意图 2

2）非标接线

该模块是指全面统计规划方案建成后，各单位配电网线路网架结构中的非标接线线路问题解决比例。非标接线指针对配电网网架中单一 10（20）kV 线路接线模式为单辐射线路，线路联络方式为首端、中段、分支线、同杆双 / 多回线路联络等无效联络方式；主干线存在架空同杆双 / 多回自环线路。

**功能路径：**“首页—规划网架—各类问题解决比例—非标接线”。

**操作说明：**

在地市公司首页界面左上角下拉选择主页，单击“规划网架”按钮，下拉选择数据年份，查看非标接线解决条数百分比占比数据，如图 3-53 所示。

图 3-53　各类问题解决比例 - 非标接线操作示意图 1

在区县公司首页界面左上角下拉选择主页，单击“规划网架”按钮，下拉选择数据年份，查看非标接线解决条数百分比占比数据，如图 3-54 所示。

图 3-54　各类问题解决比例 - 非标接线操作示意图 2

3）可靠性未达标

该模块是指全面统计规划方案建成后，各单位供电可靠性未达标问题解决比例。可靠性未达标指通过集成设备部指标，如供电可靠率、用户平均停电次数、用户平均停电时间等体现该单位城网、农网的供电可靠性情况，为后续针对性精准规划提供决策依据。并为该项指标设定一个达标值，年度可靠性大于等于该值即定义为达标。

**功能路径：**“首页—规划网架—各类问题解决比例—可靠性未达标”。

**操作说明：**

在地市公司首页界面左上角下拉选择主页，单击“规划网架”按钮，下拉选择数据年份，查看可靠性未达标百分比占比数据，如图 3-55 所示。

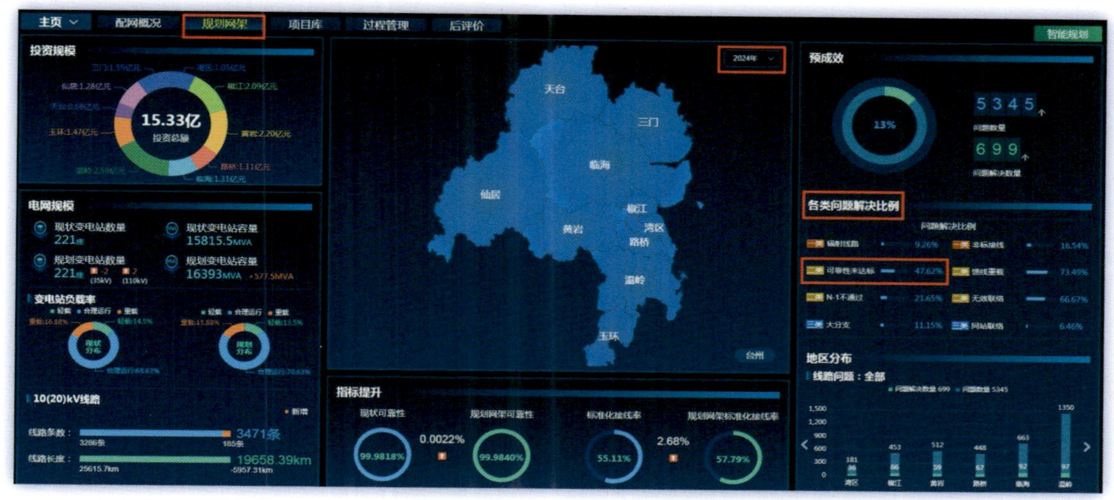


图 3-55　各类问题解决比例 - 可靠性未达标操作示意图 1

在区县公司首页界面左上角下拉选择主页，单击“规划网架”按钮，下拉选择数据年份，查看可靠性未达标百分比占比数据，如图 3-56 所示。

图 3-56　各类问题解决比例 - 可靠性未达标操作示意图 2

4）馈线重载

该模块是指全面统计规划方案建成后，各单位线路重载问题解决比例。馈线重载基于配电线路运行数据、线路标签、国网线路负载水平标准，计算汇总各单位线路负载超重载标准数量。

功能路径："首页—规划网架—各类问题解决比例—馈线重载"。

操作说明：

在地市公司首页界面左上角下拉选择主页，单击"规划网架"按钮，下拉选择数据年份，查看馈线重载百分比占比数据，如图 3-57 所示。

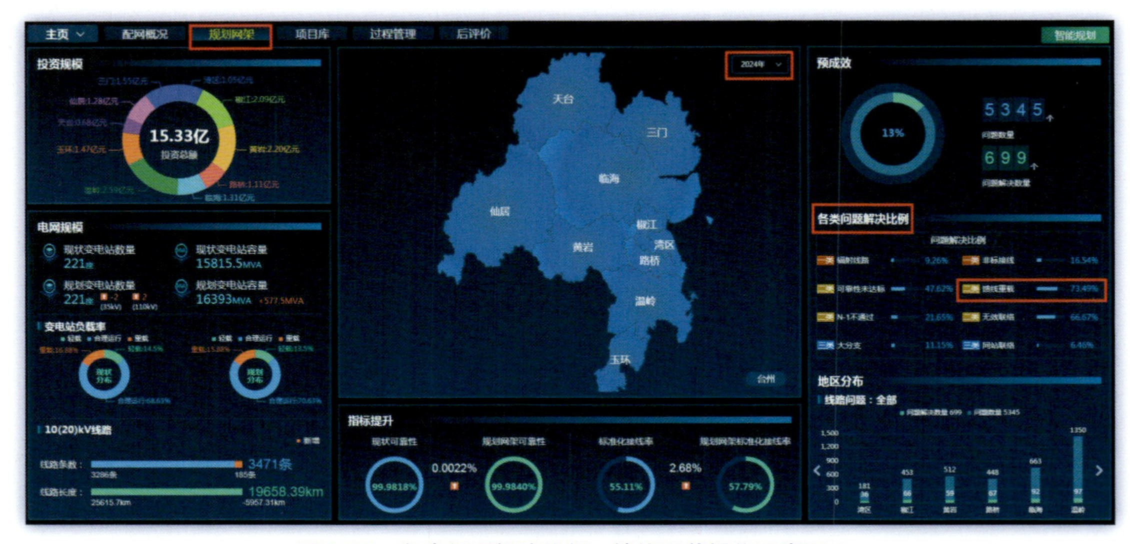


图 3-57　各类问题解决比例 - 馈线重载操作示意图 1

在区县公司首页界面左上角下拉选择主页，单击"规划网架"按钮，下拉选择数据年份，查看馈线重载百分比占比数据，如图 3-58 所示。

图 3-58　各类问题解决比例 - 馈线重载操作示意图 2

5）N-1 不通过

该模块是指全面统计规划方案建成后，网架项目 N-1 不通过问题解决比例。N-1 停运指中压配电网线路中的一个分段（包括架空线路的一个分段，电缆线路的一个环网单元或一段电缆进线本体）故障或计划退出运行。

**功能路径：**“首页—规划网架—各类问题解决比例—N-1 不通过”。

**操作说明：**

在地市公司首页界面左上角下拉选择主页，单击“规划网架”按钮，下拉选择数据年份，查看 N-1 不通过百分比占比数据，如图 3-59 所示。

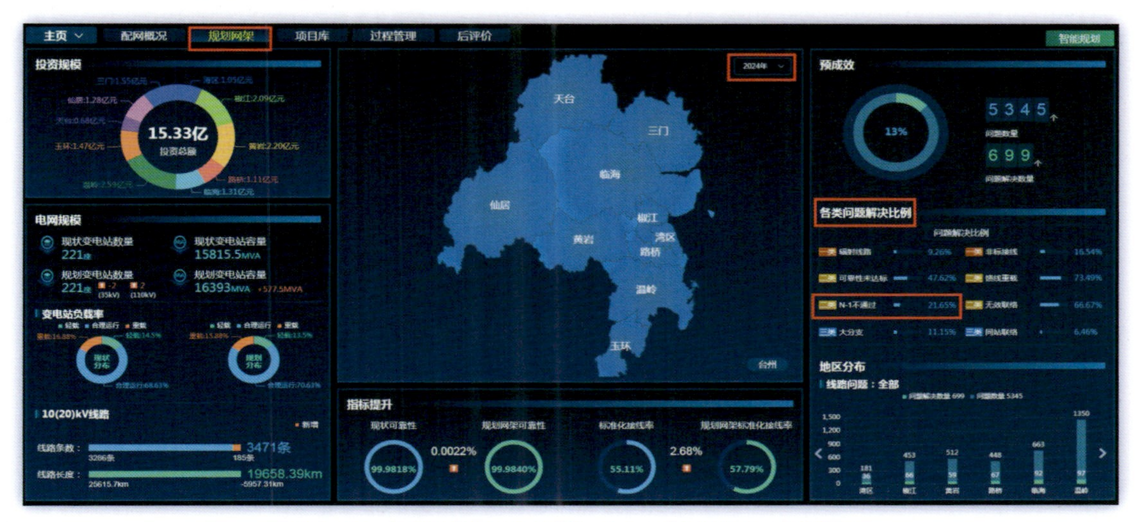

图 3-59　各类问题解决比例 - N-1 不通过操作示意图 1

在区县公司首页界面左上角下拉选择主页，单击“规划网架”按钮，下拉选择数据年份，查看 N-1 不通过百分比占比数据，如图 3-60 所示。

图 3-60　各类问题解决比例 - N-1 不通过操作示意图 2

6）无效联络

该模块是指全面统计规划方案建成后，各单位配电线路无效联络问题解决比例。无效联络线路指联络方式为首端、中段、分支线、同杆双/多回线路联络等联络方式的配电网线路。

功能路径：“首页—规划网架—各类问题解决比例—无效联络”。

操作说明：

在地市公司首页界面左上角下拉选择主页，单击“规划网架”按钮，下拉选择数据年份，查看无效联络问题解决比例，如图 3-61 所示。

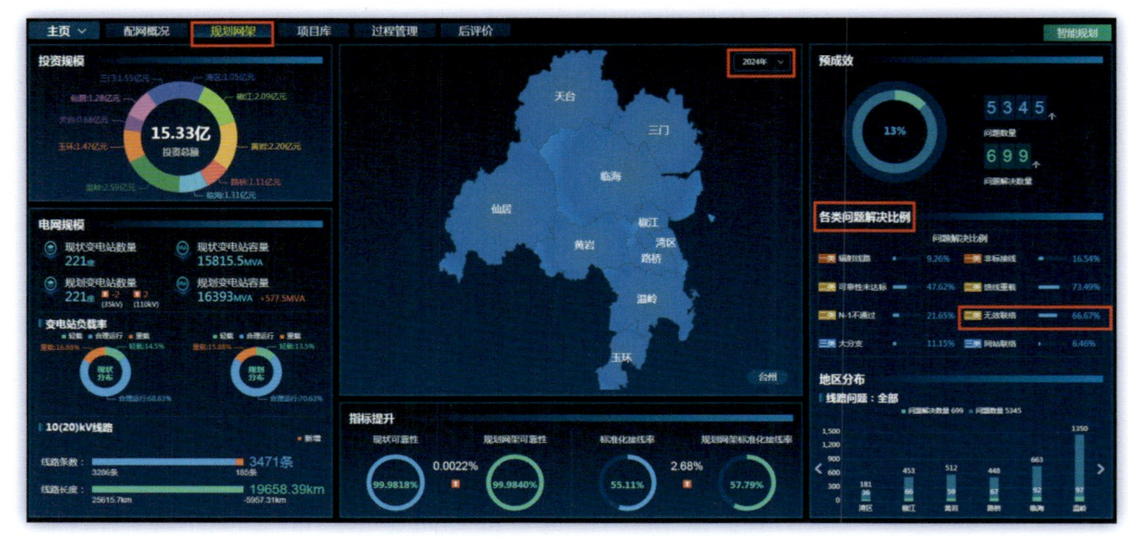

图 3-61　各类问题解决比例 - 无效联络操作示意图 1

在区县公司首页界面左上角下拉选择主页，单击“规划网架”按钮，下拉选择数据年份，查看无效联络问题解决比例，如图 3-62 所示。

图 3-62　各类问题解决比例 - 无效联络操作示意图 2

### 7）大分支

该模块是指全面统计规划方案建成后，各单位大分支线路问题解决比例。大分支线路指挂接配变总数超 20 台或者支线负荷超过主干线负荷 50% 的支线线路。

**功能路径：**“首页—规划网架—各类问题解决比例—大分支”。

**操作说明：**

在地市公司首页界面左上角下拉选择主页，单击“规划网架”按钮，下拉选择数据年份，查看大分支问题解决比例，如图 3-63 所示。

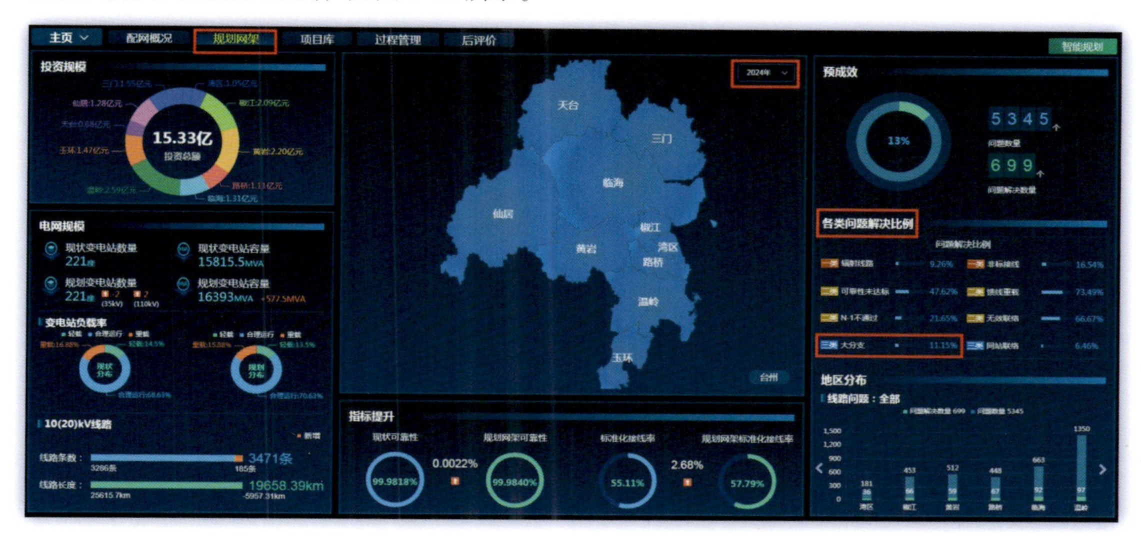


图 3-63　各类问题解决比例 - 大分支操作示意图 1

在区县公司首页界面左上角下拉选择主页，单击“规划网架”按钮，下拉选择数据年份，查看大分支问题解决比例，如图 3-64 所示。

图 3-64　各类问题解决比例 - 大分支操作示意图 2

### 8）同站联络

该模块是指全面统计规划方案建成后，各单位同站联络问题解决情况解决比例。同站联络线路指组成联络的配网线路出自同一上级变电站的同一 / 不同母线。

**功能路径：**“首页—规划网架—各类问题解决比例—同站联络”。

**操作说明：**

在地市公司首页界面左上角下拉选择主页，单击“规划网架”按钮，下拉选择数据年份，查看同站联络问题解决比例，如图 3-65 所示。

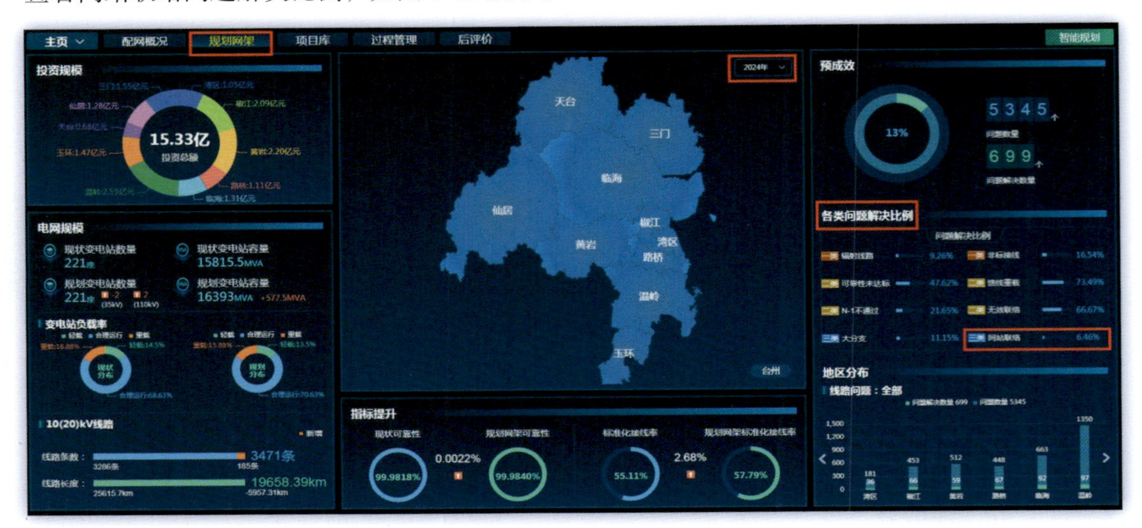


图 3-65　各类问题解决比例 - 同站联络操作示意图 1

在区县公司首页界面左上角下拉选择主页，单击“规划网架”按钮，下拉选择数据年份，查看同站联络问题解决比例，如图 3-66 所示。

图 3-66　各类问题解决比例 - 同站联络操作示意图 2

### 3.2.3 指标提升

**功能说明：**供电可靠性和标准化接线率为公司关注的两大指标。其中供电可靠性是指供电系统持续供电的能力，是考核供电系统电能质量的重要指标，反映了电力工业对国民经济电能需求的满意程度，已经成为衡量一个国家经济发展程度的标准之一；标准化接线率是评估电网网架合理性的重要标准，能够直观展示网架结构水平。若配电网网架中单一 10（20）kV 线路接线模式为单辐射线路，线路联络方式为首端、中段、分支线、同杆双 / 多回线路联络等无效联络方式，主干线存在架空同杆双 / 多回自环线路则定义为非标准化接线。通过该系统地市公司账号可以查看该地市网架的指标提升情况，其中包括现状可靠性、规划网架可靠性、标准化接线率和规划网架标准化接线率等。通过县（区）公司账号可以查看该县（区）的指标提升情况。

**功能路径：**“首页—规划网架—指标提升”。

**操作说明：**

在地市公司首页界面左上角下拉选择主页，单击“规划网架”按钮，下拉选择数据年份。在“指标提升模块”可直观查看区域供电可靠性、标准化接线率百分比数据以及通过规划网架方案区域供电可靠性、标准化接线率提升情况。

以某市为例，如图 3-67 所示，供电可靠性指标：该市公司现状供电可靠性为 99.981 8%，通过规划项目实施，基于电网参数，对百公里故障率进行设置，计算评估理论可靠性提升了 0.002 2%，理论可靠性达 99.984 0%。标准化接线率指标：该县公司现状标准化接线率 55.11%，规划网架标准化接线率 57.79%，通过规划项目实施，该县公司标准化接线率提升了 2.68%，电网网架水平进一步提高。

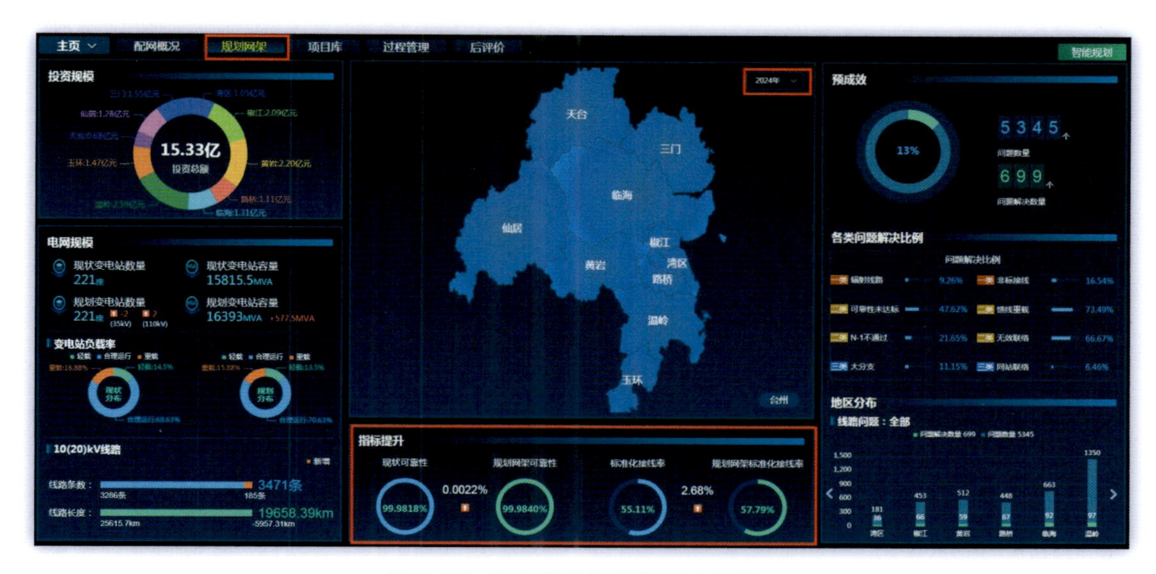


图 3-67　指标提升模块操作示意图 1

以某县为例，如图 3-68 所示，供电可靠性指标：该县公司现状供电可靠性为 99.989 2%，通过规划项目实施，基于电网参数，对百公里故障率进行设置，计算评估理论可靠性提升了 0.001 8%，理论可靠性达 99.991 0%。标准化接线率指标：该县公司现状标准化接线率 25.96%，规划网架标准化接线率 31.73%，通过规划项目实施，该县公司标准化接线率提升了 5.77%，电网网架水平进一步提高。

图 3-68　指标提升模块操作示意图 2

## 3.3　项目库

项目库锚定规划目标网架，平台根据区域发展定位、城市建设要求、电网现状等，以线路负荷、路径最短、成本最优、电力平衡等为边界条件，自动生成配电网目标网架，结合人工编制方案的录入和智能修改，最终生成过渡网架规划项目库。通过发展预筛、运检二次筛选，形成最终需求项目库。

### 3.3.1　预筛项目

#### 1）规划项目预筛数量

规划项目预筛数量模块展示本地区规划项目的筛选情况，包括规划项目数量、项目预筛数量、项目预筛比例等信息。其中规划项目数量来源于智能规划结果生成的网架类项目数量，发展部人员以可靠性提升优先或解决问题优先为导向，在规划项目数量中进行优选项目，基于以上两个数据，生成项目预筛比例，并在本模块区域处以图表形式展示。以某市为例，如图 3-69 所示，全市共计生成 384 个规划项目，共计完成预筛项目数 292 个，项目预筛比例为 76.04%。

图 3-69　规划项目预筛数量模块操作示意图 1

单击“项目查看”，如图 3-70 所示，弹出的项目清单为该地区自动生成的项目清单。

图 3-70　规划项目预筛数量模块操作示意图 2

在项目清单界面中，可以查看生成的项目详细信息，包括项目名称、所属供电所、所属网格、项目性质、项目年份、关联馈线、可靠性提升度、经济效益、投资金额及项目来源等信息。如图 3-71 所示，通过项目清单，管理人员可以看到全市配网项目生成情况，对整个地区实现远景目标网架需要多少个项目、多少投资等有初步的了解。

图 3-71 规划项目预筛数量模块操作示意图 3

2）地区项目预筛分布

地区项目预筛分布模块展示了全市各区县项目预筛情况（县级展示各供电所项目分布情况），主要展示各区县规划项目生成数量以及项目预筛比例，方便管理人员查看项目预筛是否存在不合理或异常的情况，如图 3-72 所示。

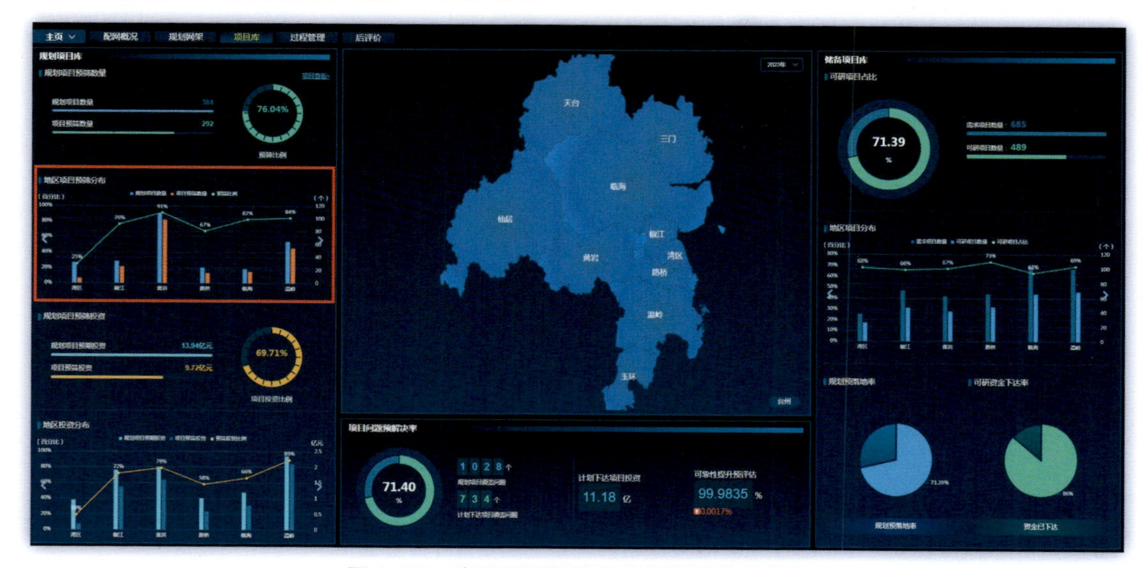


图 3-72 地区项目预筛分布模块操作示意图

3）规划项目预筛投资

规划项目预筛投资模块展示了系统生成规划项目预期投资情况、项目预筛投资情况以及项目投资比例。其主要目的在于展示预筛项目的总投资占总生成项目的比例，方便管理人员判断项目预筛工作是否合理，如图 3-73 所示。

图 3-73 规划项目预筛投资模块操作示意图

#### 4）地区投资分布

地区投资分布模块主要用于展示全市各区县投资情况，包含各区县规划项目预期投资、项目预筛投资及预筛投资比例。方便管理人员查看各区县投资分布情况，研判项目投资与当地电网规模、体量、经济发展情况等多方因素是否匹配，协助管理人员做好初步投资分盘工作，如图 3-74 所示。

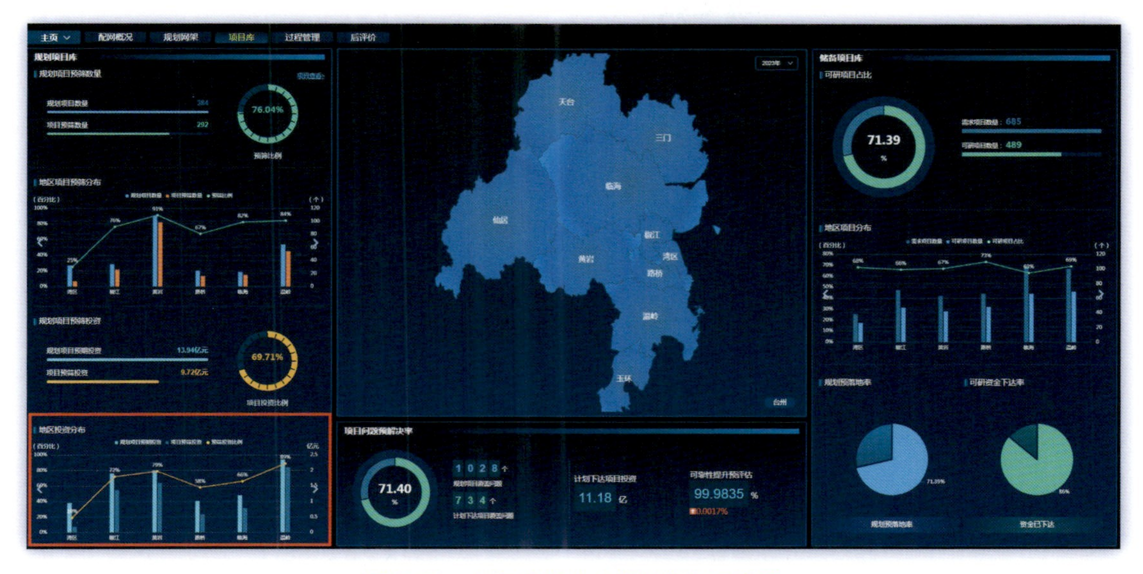

图 3-74 地区投资分布模块操作示意图

## 3.3.2 储备项目库

储备项目库模块展示了可研项目占比、地区项目分布、规划预落地率及可研资金下达率该模块主要用于初步研判各区县单位可研工作开展情况及项目落实情况，可作为考察区县规划、可研储备工作的判断依据，如图 3-75 所示。

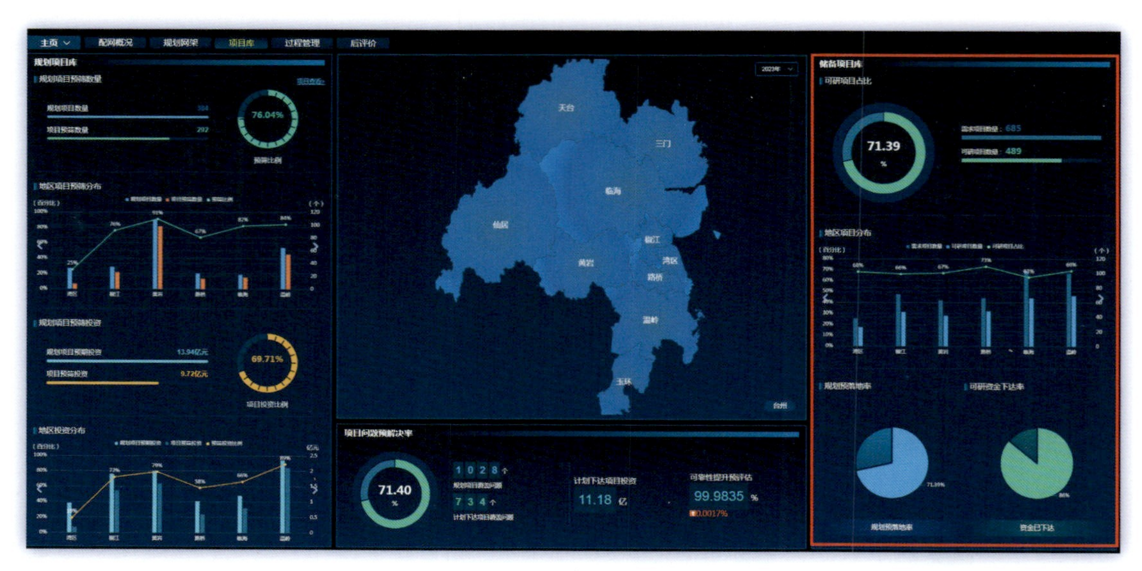


图 3-75　储备项目库模块操作示意图

### 1）可研项目占比

可研项目占比模块展示了需求项目数量、可研项目数量及可研项目占比情况，主要展示需求项目中已完成可研的项目占比情况。该模块可用于监视各区县单位开展可研储备工作的进度，同时可作为考察各单位可研储备与系统规划的匹配程度，一定程度上反映线下项目储备工作与线上系统规划的偏离程度，如图 3-76 所示。

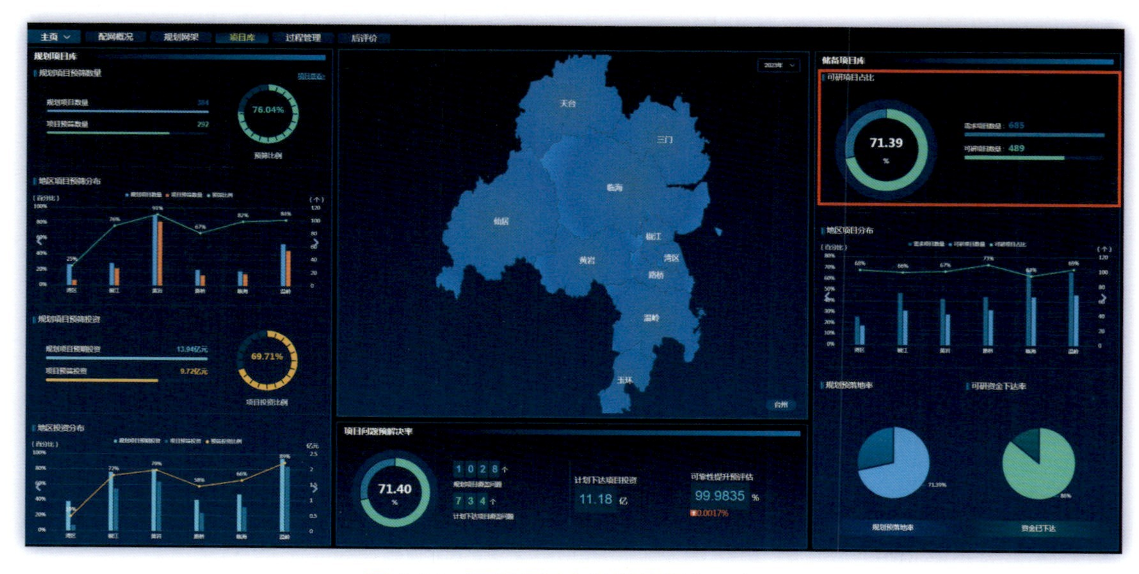


图 3-76　可研项目占比模块操作示意图

2）地区项目分布

地区项目分布模块展示了全市各区县需求项目数与可研项目数之间的关系，综合展示各区县可研完成情况与需求的匹配程度，方便管理人员对可研编制进度进行管控，如图 3-77 所示。

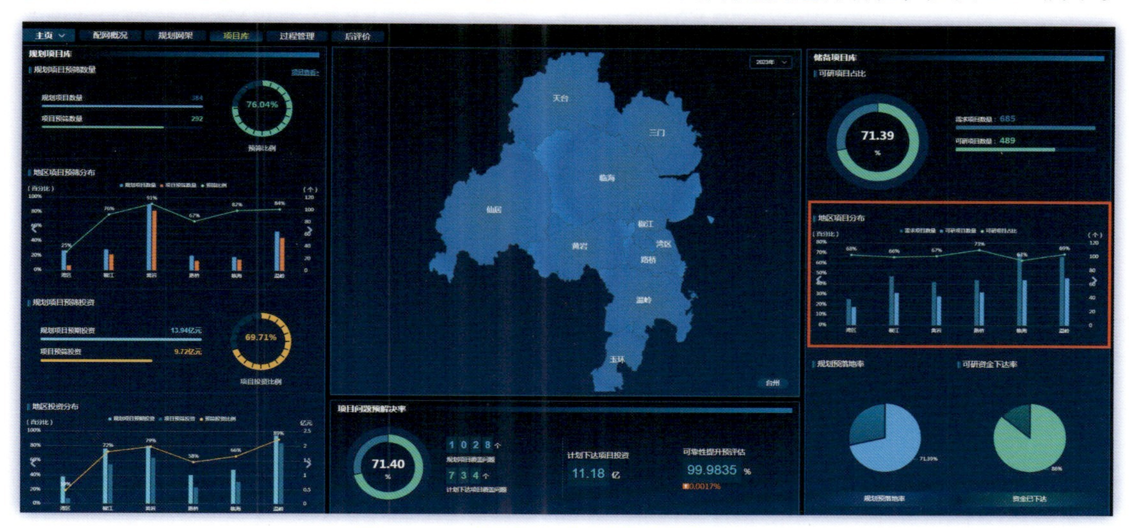


图 3-77 地区项目分布模块操作示意图

3）规划预落地率

规划预落地率模块展示项目下达情况与规划项目情况之间的关系，可作为考察规划准确性、实施程度的依据，让管理人员初步了解所形成的需求项目库与网架规划的匹配程度，如图 3-78 所示。

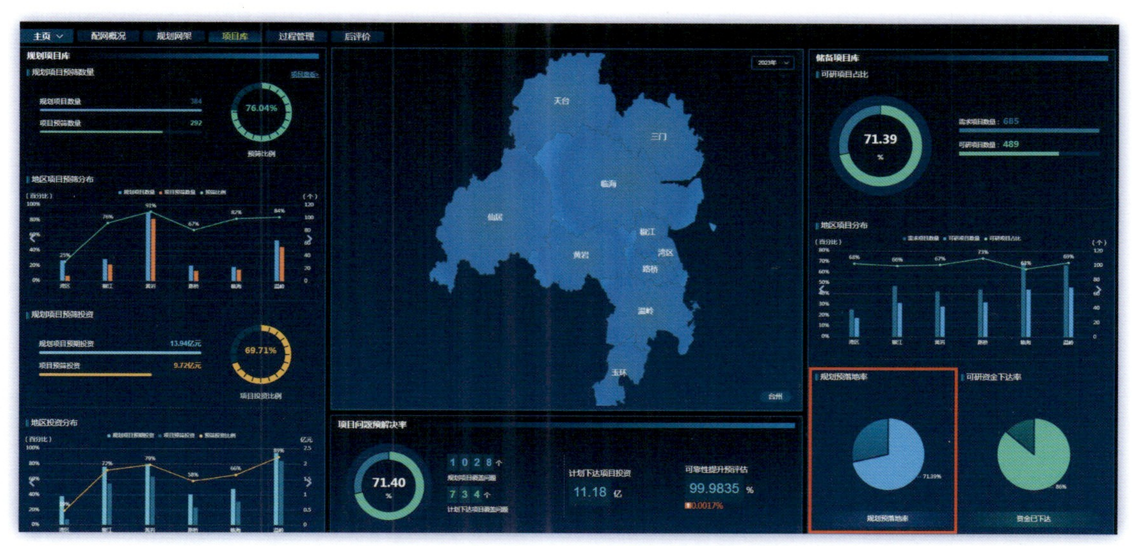


图 3-78 规划预落地率模块操作示意图

4）可研资金下达率

可研资金下达率展示资金下达情况与可研项目情况之间的关系，可作为考察投资下达与项目实施情况的依据，让管理人员初步了解可研项目下达情况，对未来的项目实施情况有初步预估，如图 3-79 所示。

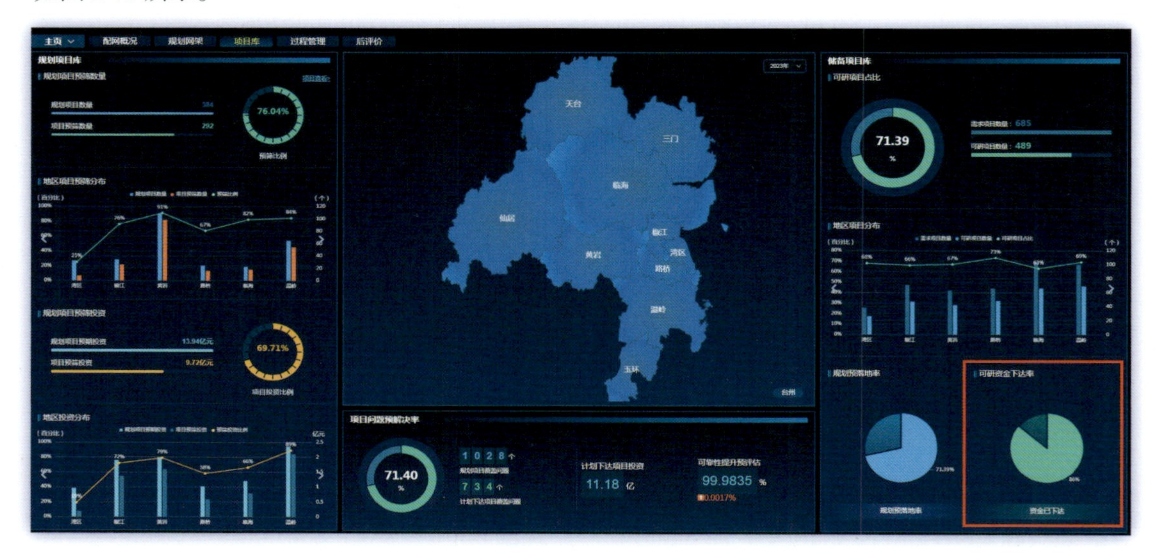


图 3-79　可研资金下达率模块操作示意图

### 3.3.3　项目问题预解决率

项目问题预解决率展示了规划项目覆盖问题数、计划下达项目覆盖问题、计划下达项目投资及可靠性提升预评估情况。该模块主要展示了系统生成的规划项目覆盖的问题情况，以及下达的项目覆盖的问题数，通过比对规划项目问题覆盖率，能够方便管理人员具象化了解规划项目生成的针对性，同时下达项目覆盖率也能够体现各单位项目的问题预解决情况和项目安排的精准性，方便管理人员对投资分盘的合理性作出初步判断，如图 3-80 所示。

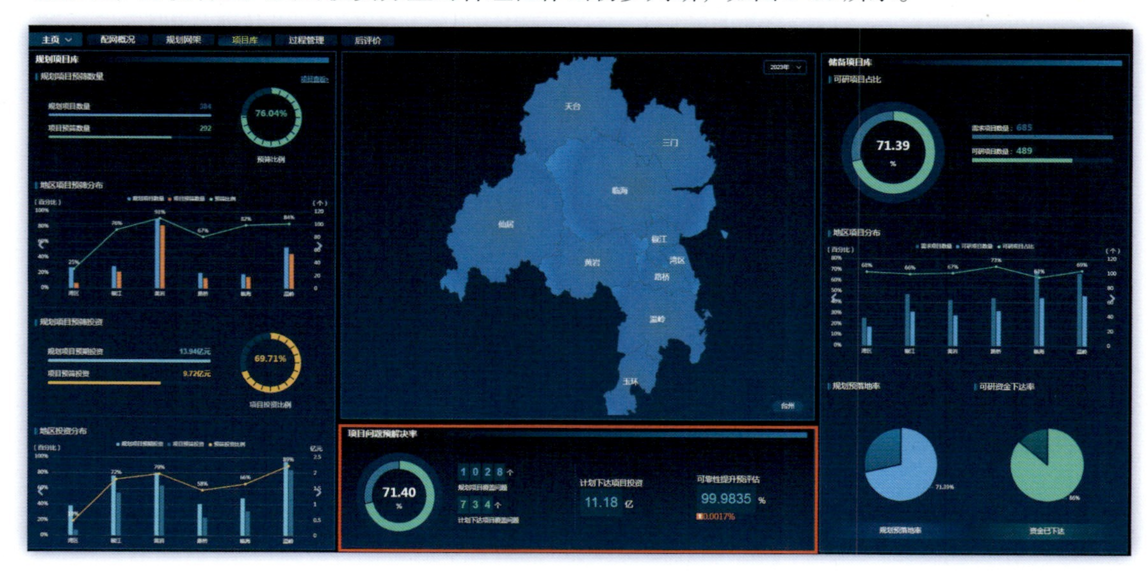


图 3-80　项目问题预解决率模块操作示意图

### 3.3.4 预筛项目库

**1）功能说明**

各县公司发展部进入规划项目库进行项目预筛，可研根据项目属性，例如提高可靠性优先、解决问题数优先、投资额度三个方面对规划项目进行筛选，其中投资额度可以与前两个问题维度同时限定选择，依据各自优先需求将筛选后的项目提交至县运检进行二次筛选。

**功能路径：**“主页 — 项目库 — 规划项目库 — 项目筛选 — 选择优先解决问题并勾选项目 — 加入项目库 — 提交”。

**操作说明：**

使用市公司发展部账号进入主页规划项目库，可以对智能规划生成的全市范围内网架类项目进行查看，如图 3-81 所示。

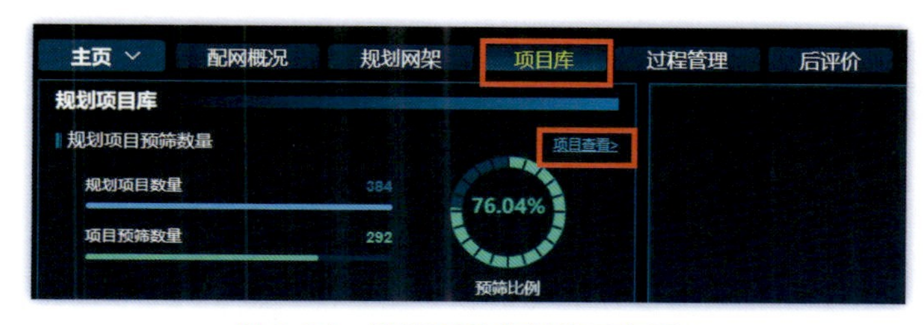


图 3-81 预筛项目库操作示意图 1

信息包含项目属地供电所、所处网格、投资金额以及项目现在所处的阶段等，如图 3-82 所示。

项目查看

项目清单
项目阶段：已规划 选中地区：台州

| 序号 | 项目名称 | 供电所 | 网格 | 项目性质 | 任务归属 | 更新时间 | 项目年份 | 关联馈线 | 可靠性提升 | 经济效益 | 投资金额 | 来源 | 操作 |
|---|---|---|---|---|---|---|---|---|---|---|---|---|---|
| 1 | 台州仙居10千伏... | 永安 | 永安城西 | 改造 | -- | 2023-10-17 17:5... | 2024 | 迎晖X182线,仁和... | 0.0007 | 0 | 309.06万元 | 系统生成 | 查看 |
| 2 | 台州仙居10千伏... | 横溪 | 横溪农村 | 改造 | -- | 2023-10-17 17:5... | 2024 | 大坑X560线,塘弄线 | 0.0042 | 0 | 398.99万元 | 系统生成 | 查看 |
| 3 | 台州仙居10千伏... | 城峰 | 城峰农村 | 改造 | -- | 2023-10-17 17:5... | 2024 | 永安X261线,谷岩... | -0.0003 | 0 | 291.94万元 | 系统生成 | 查看 |
| 4 | 台州仙居10千伏... | 城峰 | 城峰广度片区 | 改造 | -- | 2023-10-17 17:5... | 2024 | 宝岸333线,盘峰C... | 0 | 0 | 116.10万元 | 系统生成 | 查看 |
| 5 | 台州仙居10千伏... | 城峰 | 城峰核心区南 | 新建 | -- | 2023-10-17 17:5... | 2024 | 司太X105线,污水... | -0.0012 | 0 | 373.43万元 | 系统生成 | 查看 |
| 6 | 台州仙居10千伏... | 城峰 | 城峰核心区南 | 新建 | -- | 2023-10-17 17:5... | 2024 | 司太X105线,污水... | -0.0012 | 0 | 162.88万元 | 发展预筛 | 查看 |
| 7 | 台州仙居10千伏... | 城峰 | 城峰核心区南 | 改造 | -- | 2023-10-17 17:5... | 2024 | 下中X231线,黄梁... | 0.0001 | 0 | 251.52万元 | 发展预筛 | 查看 |
| 8 | 台州仙居溪港1线... | 横溪 | 横溪农村 | 新建 | -- | 2023-10-17 17:5... | 2024 | 安岭X557线,溪港... | 0.0136 | 0 | 321.76万元 | 发展预筛 | 查看 |
| 9 | 台州仙居溪港3线... | 横溪 | 横溪农村 | 新建 | -- | 2023-10-17 17:5... | 2024 | 安岭X557线,溪港... | 0.0136 | 0 | 688.76万元 | 发展预筛 | 查看 |
| 10 | 台州仙居溪港5线... | 横溪 | 横溪农村 | 新建 | -- | 2023-10-17 17:5... | 2024 | 安岭X557线,溪港... | 0.0136 | 0 | 419.32万元 | 发展预筛 | 查看 |
| 11 | 台州仙居10kV朱... | 下各 | 下各农村 | 改造 | -- | 2023-10-17 17:5... | 2024 | 新路X110线,温泉... | -0.0003 | 0 | 266.10万元 | 发展预筛 | 查看 |
| 12 | 台州仙居10kV大... | 白塔 | 白塔农村 | 改造 | -- | 2023-10-17 17:5... | 2024 | 湍溪X564线,大源... | 0.0051 | 0 | 670.69万元 | 发展预筛 | 查看 |
| 13 | 台州仙居10kV西... | 永安 | 永安城北 | 改造 | -- | 2023-10-17 17:5... | 2024 | 明珠X193线,天城... | 0 | 0 | 164.60万元 | 发展预筛 | 查看 |
| 14 | 台州仙居10kV部... | 白塔 | 白塔镇区 | 改造 | -- | 2023-10-17 17:5... | 2024 | 圳口X255线,白井... | -0.0047 | 0 | 224.26万元 | 发展预筛 | 查看 |
| 15 | 台州仙居10kV公... | 城峰 | 城峰农村 | 改造 | -- | 2023-10-17 17:5... | 2024 | 后里X535线,官东... | -0.0003 | 0 | 415.88万元 | 发展预筛 | 查看 |
| 16 | 台州仙居10千伏... | 城峰 | 城峰核心区南 | 新建 | -- | 2023-10-17 17:5... | 2024 | 丹霞X232线,永春... | -0.0021 | 0 | 487.95万元 | 发展预筛 | 查看 |

共 192 条 20条/页 1 2 3 4 5 6 ... 10

图 3-82 预筛项目库操作示意图 2

单击“查看”，可以对项目详细信息进行查看，信息包含项目合理性、项目落地性、项目信息、项目投资、合理性校验等。为市公司相关人员提供项目的详细信息介绍，以达到对单一项目情况的详细了解。以某县的某某项目为例，项目查看界面如图 3-83 所示，可以单击不同的功能模块了解相应的信息。

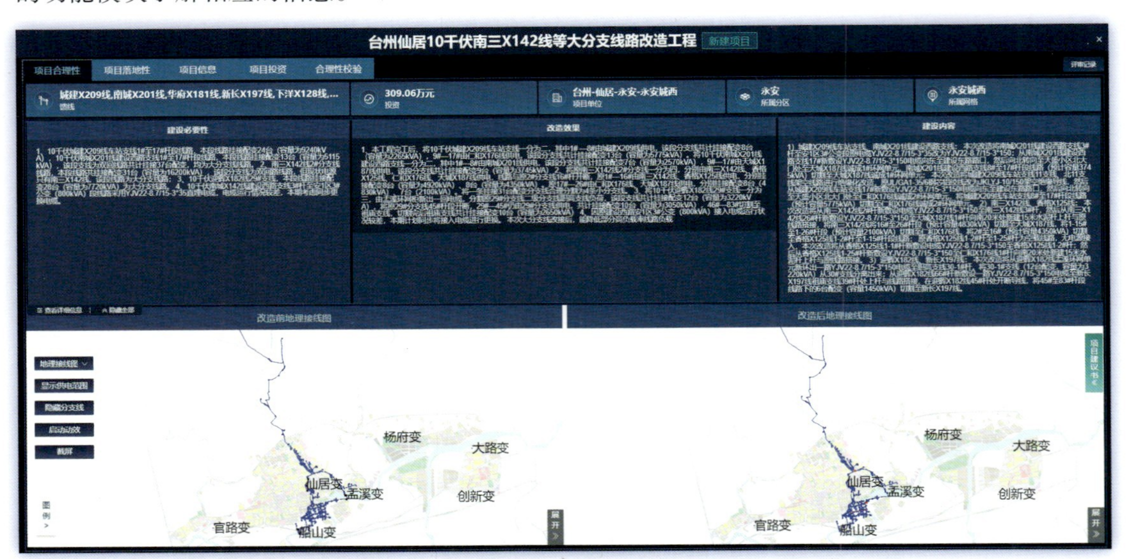


图 3-83　预筛项目库操作示意图 3

使用县公司发展部账号进入主页，单击项目库，进入页面左上角规划项目库，单击项目筛选，如图 3-84 所示。

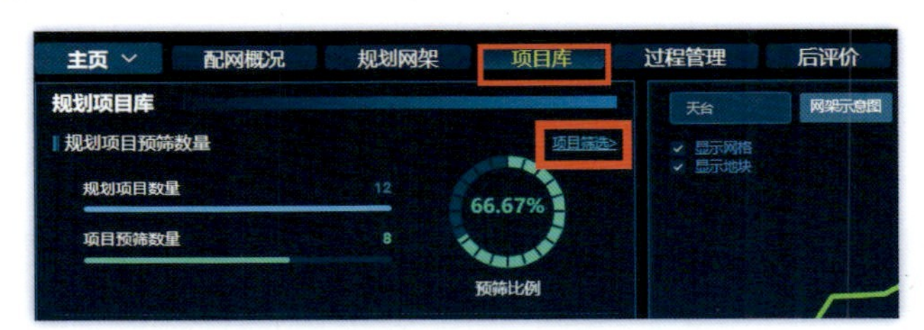


图 3-84　预筛项目库操作示意图 4

进入项目筛选界面后，进入县公司发展部项目预筛界面，如图 3-85 所示。

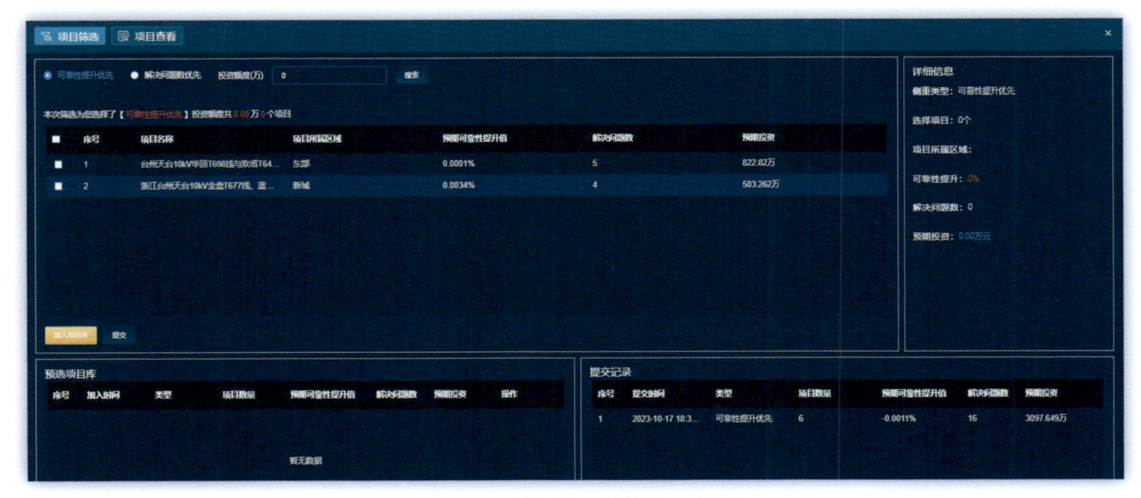


图 3-85　预筛项目库操作示意图 5

发展部人员进入项目筛选界面后，可以单击“项目查看”按钮，通过该模块功能，相关人员对所有生成的网架类项目进行项目信息了解，完全掌握某个项目的详细信息，为项目筛选提供强有力的支撑，项目查看界面如图 3-86 所示。

项目筛选　项目查看

项目清单
项目阶段：已规划 选中地区：天台

| 序号 | 项目名称 | 供电所 | 网格 | 项目性质 | 任务归属 | 更新时间 | 项目年份 | 关联馈线 | 可靠性提升 | 经济效益 | 投资金额 | 来源 | 操作 |
|---|---|---|---|---|---|---|---|---|---|---|---|---|---|
| 1 | 台州天台10kV华... | 东部 | 东横网格 | 新建 | -- | 2023-10-17 18:2... | 2024 | 大同T697线,华顶... | 0.0001 | 0 | 822.82万元 | 系统生成 | 查看 |
| 2 | 浙江台州天台10k... | 新城 | 大公网格 | 新建 | -- | 2023-10-17 18:2... | 2024 | 溪头T682线,广济... | -0.0044 | 0 | 503.26万元 | 系统生成 | 查看 |
| 3 | 台州天台10千伏... | 赤城 | 天台网格 | 新建 | -- | 2023-10-17 18:2... | 2024 | 螺溪T716线,紫金... | -0.0009 | 0 | 139.29万元 | 发展预筛 | 查看 |
| 4 | 台州天台10千伏... | 赤城 | 天台网格 | 新建 | -- | 2023-10-17 18:2... | 2024 | 螺溪T716线,紫金... | -0.0009 | 0 | 488.92万元 | 发展预筛 | 查看 |
| 5 | 台州天台10千伏... | 东部 | 洪畴网格 | 新建 | -- | 2023-10-17 18:2... | 2024 | 坦头T643线,裘风... | -0.0006 | 0 | 456.41万元 | 发展预筛 | 查看 |
| 6 | 台州天台10kV丽... | 新城 | 高铁网格 | 新建 | -- | 2023-10-17 18:2... | 2024 | 青梅T414线,长洋... | 0.0002 | 0 | 686.95万元 | 发展预筛 | 查看 |

图 3-86　预筛项目库操作示意图 6

（1）项目合理性

单击“查看”，对某一项目进一步的详细信息进行查看、编辑。如图 3-87 所示，可以在项目合理性界面中浏览某项目的详细工程名称、投资金额、项目所属分区网格、属地供电所等，详细查看项目的建设必要性、改造效果以及相应的建设内容，并通过改造前后的地理图对比对项目情况进一步加以说明。

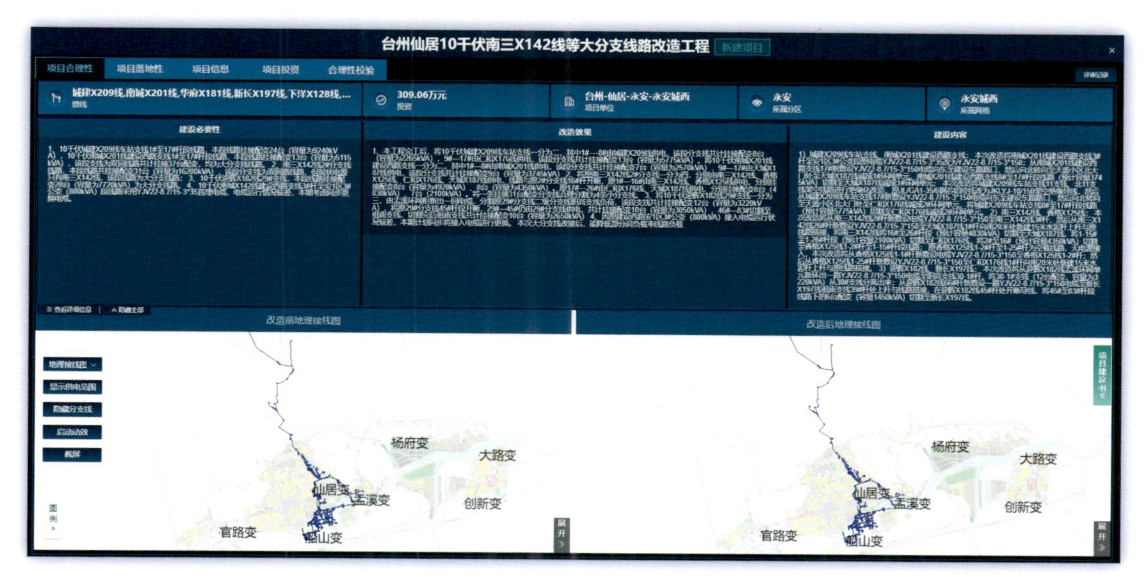


图 3-87　预筛项目库操作示意图 7

（2）项目落地性

单击“项目落地性”按钮，进入项目落地性查看界面。该模块通过项目改造前后的拓扑图对比，给出直观的网架改造方案，结合合理性界面中的前后地理路径图，为该项目的落地性提供支撑依据。以某项目为例，如图 3-88 所示。

图 3-88　预筛项目库操作示意图 8

（3）项目信息

单击“项目信息”按钮，进入项目信息界面。对项目的具体信息，比如所属市县公司、属地供电所、资产性质、改造原因等信息进行维护，以图表的形式将项目信息直观呈现给相关人员查看，界面如图 3-89 所示。

图 3-89　预筛项目库操作示意图 9

（4）项目投资

单击“项目投资”按钮，进入项目投资界面。该界面主要展示项目投资估算以及主要设备材料。需要注意的是该界面分左右两窗口，分别为人工评估与系统粗略估算，系统使用人员可以对两种估算结果进行比对，对项目方案所需的确切投资有更精准的判断，界面如图 3-90 所示。

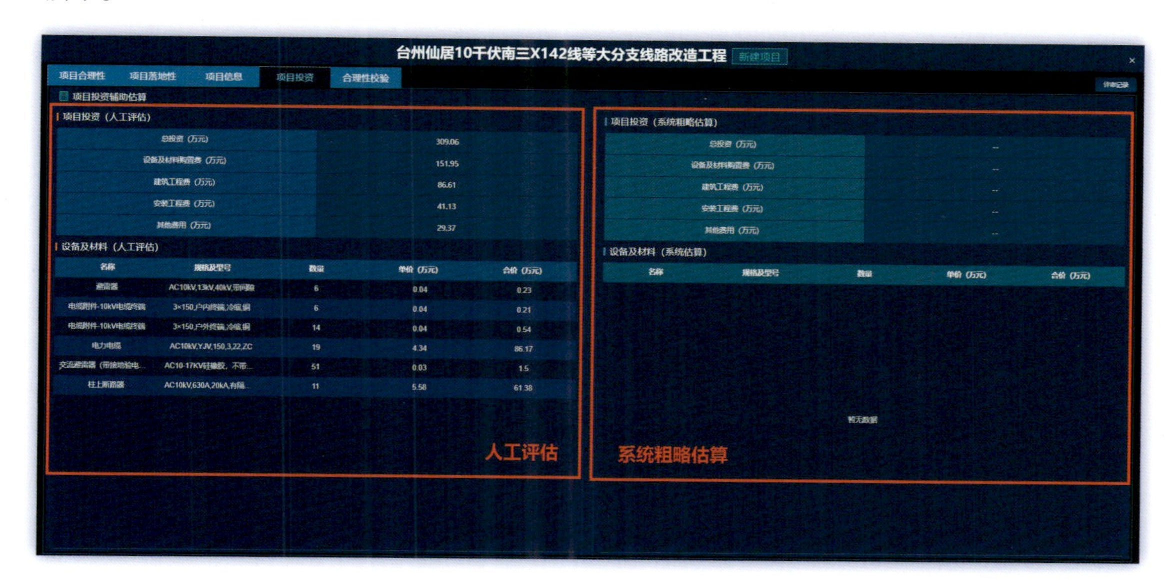


图 3-90　预筛项目库操作示意图 10

（5）合理性校验

单击“合理性校验”按钮，进入合理性校验界面。该模块功能主要对项目建设必要性进行校验评估。具体从不同的问题类型展示系统诊断结果，同时进行人工校验评估，若与系统诊断结果存在误差，则进行误差原因说明，进而对因系统诊断结果与人工评估的偏差原因产生的项目偏差情况进行说明，界面如图 3-91 所示。

图 3-91　预筛项目库操作示意图 11

县公司发展部在项目查看功能中对所有生成的网架类项目进行甄别、信息补充完善后，单击页面右上角 ☒ 关闭项目查看界面，单击“项目筛选”按钮返回至项目预筛界面，如图 3-92 所示。

图 3-92　预筛项目库操作示意图 12

在该界面，项目预筛人员可以根据各地区电网急需解决的问题，结合历年网架类工程投资额度进行网架类项目筛选，在系统筛选出的项目中，判断哪些项目需要优先储备，进行勾选后单击加入项目库，确认无误后单击“提交”按钮，预筛的项目流转至需求项目库。

具体筛选项目条件操作如下：

①可靠性优先：在项目筛选界面点选 可靠性提升优先，如有需要，可以同时在 投资额度(万) 0 投资额度处输入下一年网架类项目预计投资金额，单击“搜索”按钮，在页面中间区域将筛选出符合条件的项目列表，如图 3-93 所示。

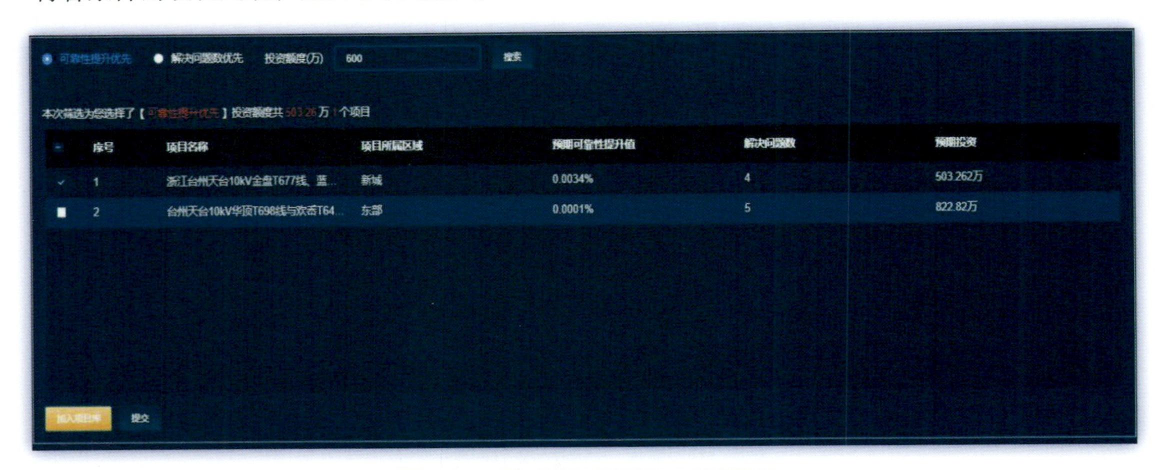


图 3-93　预筛项目库操作示意图 13

同时页面右上角区块将展示所筛选的项目详细信息，包含问题侧重类型、选择项目个数、项目所属区域、预计提升成效、解决问题个数及预期投资金额等信息，具体展示界面如图 3-94 所示。

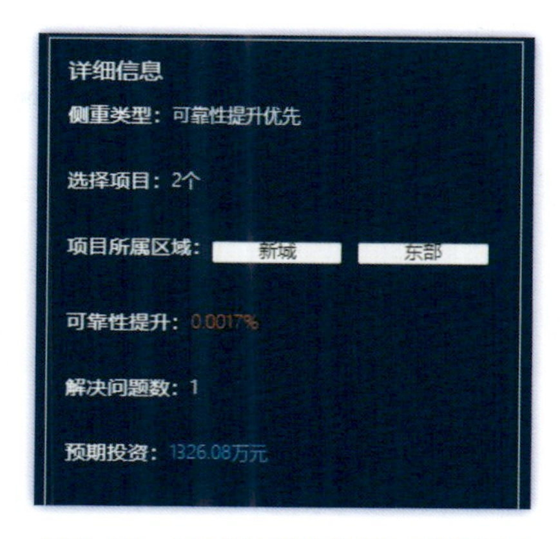


图 3-94　预筛项目库操作示意图 14

项目筛选人员对自动筛选的项目进行确认无误或人工调整后单击 加入项目库 ；预选的项目将流转进入预选项目库。该处展示加入预选项目库的时间、类型、数量，解决问题数，预期可靠性提升值，预期投资等，也可在此处对项目进行查看，如图 3-95 所示。

预选项目库

| 序号 | 加入时间 | 类型 | 项目数量 | 预期可靠性提升值 | 解决问题数 | 预期投资 | 操作 |
|---|---|---|---|---|---|---|---|
| 1 | 2024-05-09 ... | 解决问题数... | 1 | -0.0044% | 4 | 503.262万 | 查看 |

图 3-95　预筛项目库操作示意图 15

项目筛选人员对预选项目库中的项目再次确认后，单击“提交”按钮，将所选项目提交至需求项目库，并且项目筛选界面右下角将展示项目提交记录，如图 3-96 所示。

提交记录

| 序号 | 提交时间 | 类型 | 项目数量 | 预期可靠性提升值 | 解决问题数 | 预期投资 |
|---|---|---|---|---|---|---|
| 1 | 2023-10-17 18:3... | 可靠性提升优先 | 6 | -0.0011% | 16 | 3097.649万 |

图 3-96　预筛项目库操作示意图 16

②解决问题数优先：在项目筛选界面点选 解决问题数优先。需要注意的是，在选择解决问题优先时，将弹出多种问题类型供项目筛选人员选择，筛选人员可以筛选单个问题，也可以多个问题同时勾选，具体结合各自电网发展需求，选择需要优先解决的问题的类型，加以投资额度的限制，自动筛选出一批项目，人员对这些项目进行人工确认后将选择的项目加入规划项目

库，操作参考上述可靠性优先选择时的操作步骤，将筛选出的项目流转至需求项目库。解决问题优先选择界面如图 3-97 所示。

图 3-97 预筛项目库操作示意图 17

以上为发展预筛模块说明，筛选人员通过可靠性优先、解决问题数优先两个维度，利用具体问题作为筛选边界，同时结合网架类项目投资计划，综合评估项目可行性、合理性、落地性、紧迫性等多个方面后，将优选项目提交至需求项目库，由运检人员对需求项目库项目进行二次筛选。

### 2）需求项目库

**功能说明：**各县公司发展部对规划项目库进行项目预筛后，项目流转至需求项目库，县公司运检部、供电所对发展部预筛的网架类项目进行二次筛选，同步人工添加非网架类项目进入项目需求库，并对所需项目进行县级公司校核评审后、市级评审后，最终形成可研项目储备库。

#### （1）非网架类项目清单

**功能路径：**“进入主页 — 县级项目管理 — 非网架类项目清单”。

**操作说明：**

使用县公司运检专工账号进入系统主页，在左上角下拉菜单中选择“县级项目管理”，如图 3-98 所示。

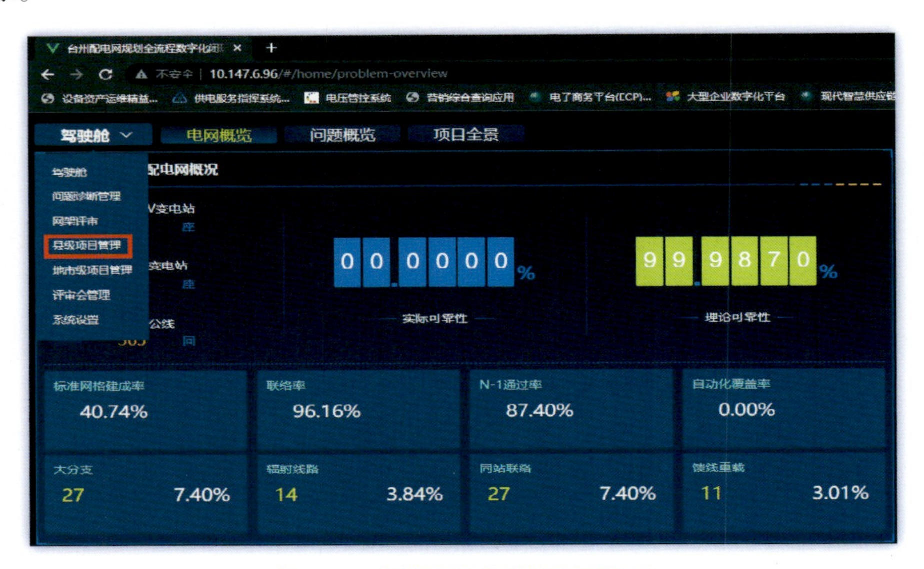


图 3-98 预筛项目库操作示意图 18

进入县级项目管理页面后，单击“非网架类项目清单”按钮，进入非网架类项目清单页面，在此处，运检部可以单击导出模板，将非网架类项目需求在模板中填写清楚，然后单击“项目导入”按钮，将填写好的模板导入系统，非网架类项目将自动流转至需求项目库，出现在非网架类项目清单列表中。操作页面如图 3-99 所示。

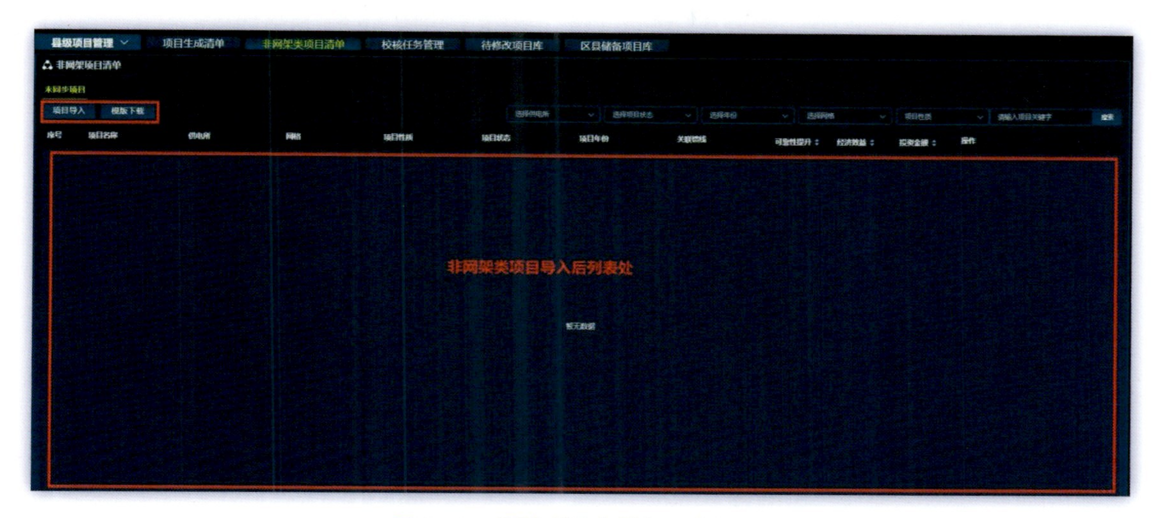


图 3-99　预筛项目库操作示意图 19

（2）校核任务管理

运检将非网架类项目导入非网架类项目清单后，以供电所为单位，从发展预筛的网架类项目和非网架类项目中选取需要储备的项目创建校核任务，并由供电所进行校核。

**功能路径：**“进入主页 — 县级项目管理 — 校核任务管理 — 创建校核任务”。

**操作说明：**

使用县公司运检部专工账号进入项目管理页面，单击校核任务管理，在校核任务管理页面右上角单击创建校核任务，页面弹出创建校核任务对话框，按要求为任务命名，选择供电所，选择校核任务的开始 / 截止时间，以某公司为例，创建校核任务如图 3-100 所示。

图 3-100　预筛项目库操作示意图 20

**注意：**此处需将任务名称、供电所、开始 / 截止时间均创建完成后才能点选校核项目。

单击  点击选择 ，从发展预筛项目和非网架类项目中选取需要储备的项目，单击  创建 ，任务创建成功，该任务将出现在待校核任务或校核中任务（取决于创建任务的时间与任务开始时间），项目进入待评审状态，下面以某公司创建任务为例，如图 3-101 所示。

图 3-101 预筛项目库操作示意图 21

**注意：**此处任务创建举例时选择的任务开始时间与创建时间是同一天，故该条任务出现在校核中任务清单中，若任务开始时间晚于任务创建时间，则该任务创建成功后将出现在待校核任务清单中。另外在该界面还可以查看待校核项目清单以及校核完成项目清单，此处不涉及操作，仅支持查看功能，不做单独说明。

（3）项目校核

县公司运检专工成功创建校核任务后，将任务推送至供电所专工账号权限内，使用供电所专工账号进入系统，对需校核的任务进行校核，并确定是否通过该项目，进而完成校核任务。

**功能路径：**“首页 — 审批管理 — 全部任务校核 — 查看 — 校核 — 校核 / 评审”。

**操作说明：**

使用县公司账号进入系统首页，在左上角下拉菜单中选择“审批管理”，选择任务清单中对将要校核的任务，单击“查看”，操作界面如图 3-102 所示。

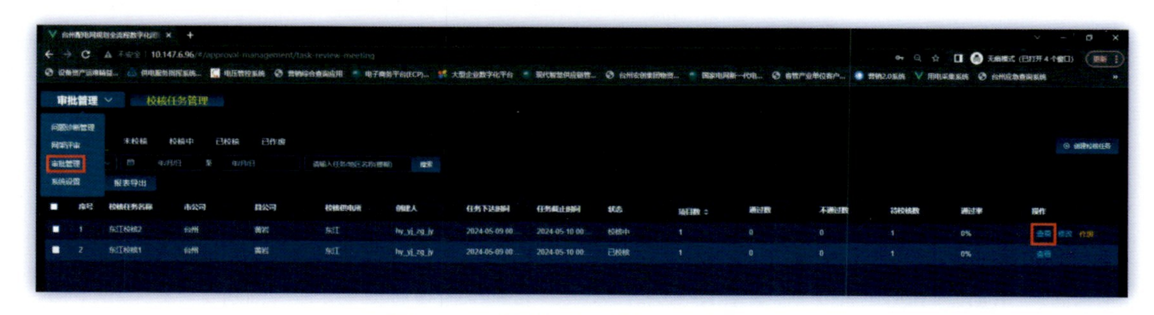


图 3-102 预筛项目库操作示意图 22

进入查看项目校核界面后，将展示该任务下所有的项目清单，单击每个项目操作列下的“校核”按钮，穿透进入项目校核界面，操作界面如图 3-103 所示。

图 3-103 预筛项目库操作示意图 23

进入查看项目校核界面后，将展示该任务下所有的项目清单，单击每个项目操作列下的“校核”按钮，进入项目校核界面，供电所人员可以在此处对项目合理性、项目落地性、项目信息、项目投资、合理性校验、建设必要性、改造前后地理路径图等进行查看，然后对项目进行校核 / 评审，操作界面如图 3-104 所示。

图 3-104 预筛项目库操作示意图 24

进入校核 / 评审界面后，供电所对要审核的项目进行通过或不通过操作，并填写相应的意见，单击“确定”按钮，完成项目校核工作，如图 3-105 所示。

图 3-105　预筛项目库操作示意图 25

供电所项目校核工作完成，单击“确认”按钮后，返回项目校核界面，在评审结果列出显示该项目通过，若该条校核任务下所有项目都完成校核后，单击界面右下角“结束并提交结果”，完成该项校核任务，操作界面如图 3-106 所示。

图 3-106　预筛项目库操作示意图 26

（4）评审会管理

供电所完成校核任务后，该条任务进入县级评审阶段。县公司运检部发起线上评审会，对项目进行评审。

**功能路径：**“首页 — 评审会管理 — 创建评审会”。

**操作说明：**

使用县公司运检部主任账号进入系统，在首页左上角下拉菜单中选择评审会管理，然后单击右侧的“创建评审会”，发起县级线上评审，操作界面如图 3-107 所示。

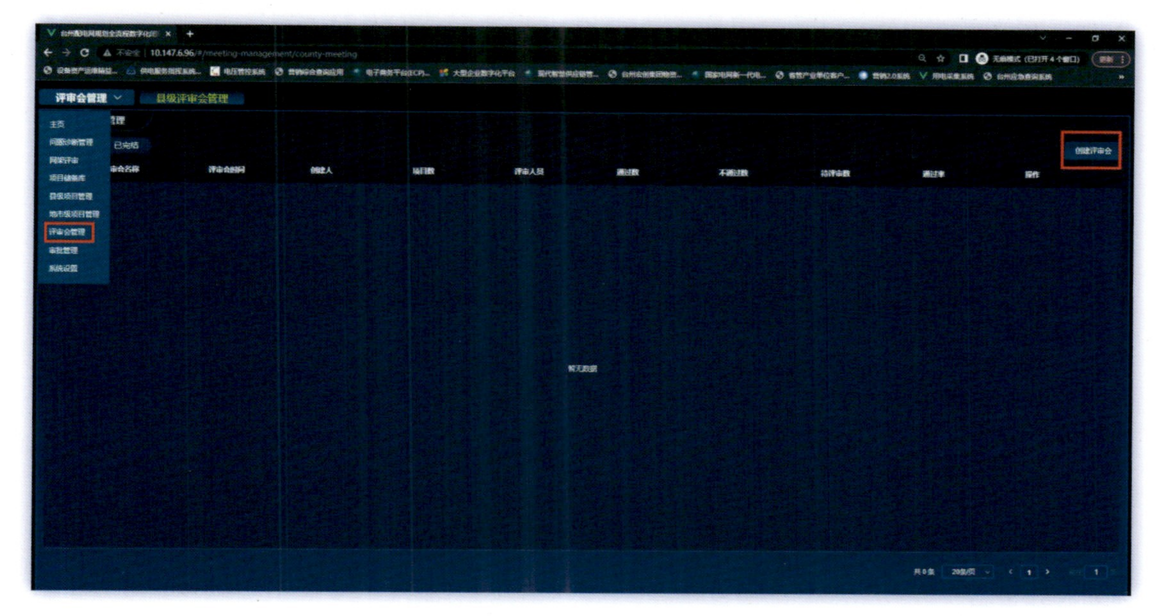


图 3-107　预筛项目库操作示意图 27

进入“创建评审会”对话框后，对评审会名称、开始时间、评审会人员等信息进行编辑，操作界面如图 3-108 所示。

图 3-108　预筛项目库操作示意图 28

对上述必要信息进行维护后，单击“点击选择”，进入项目选择界面，可选择已通过供电所校核的网架 / 非网架类项目，单击“确定”选择，操作界面如图 3-109 所示。

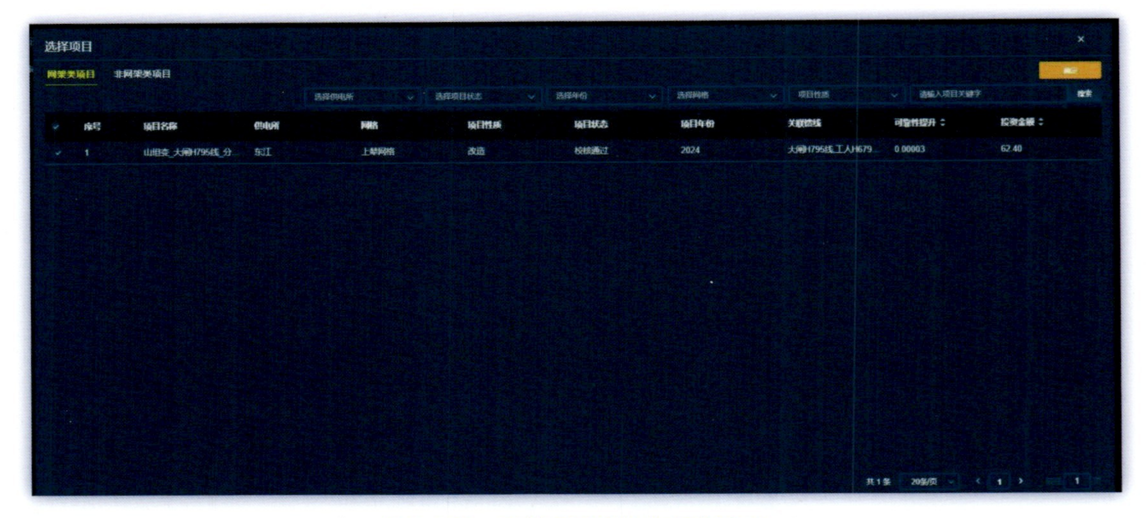

图 3-109　预筛项目库操作示意图 29

项目选择确定后，返回“创建项目评审会”对话框，单击“创建”按钮，完成评审会创建。操作界面同图 3-109，此处不单独设图说明。

（5）县级项目评审

评审会创建完成后，县公司对项目进行评审。

**功能路径：**“首页 — 审批管理 — 县级项目评审会 — 查看”。

**操作说明：**

评审会创建完成后，使用县公司运检主任账号进入系统首页，在左上角下拉菜单中选择“审批管理”，再单击“县级项目评审会”，界面下方会出现评审会清单，单击“查看”按钮，进入项目评审界面，操作界面如图 3-110 所示。

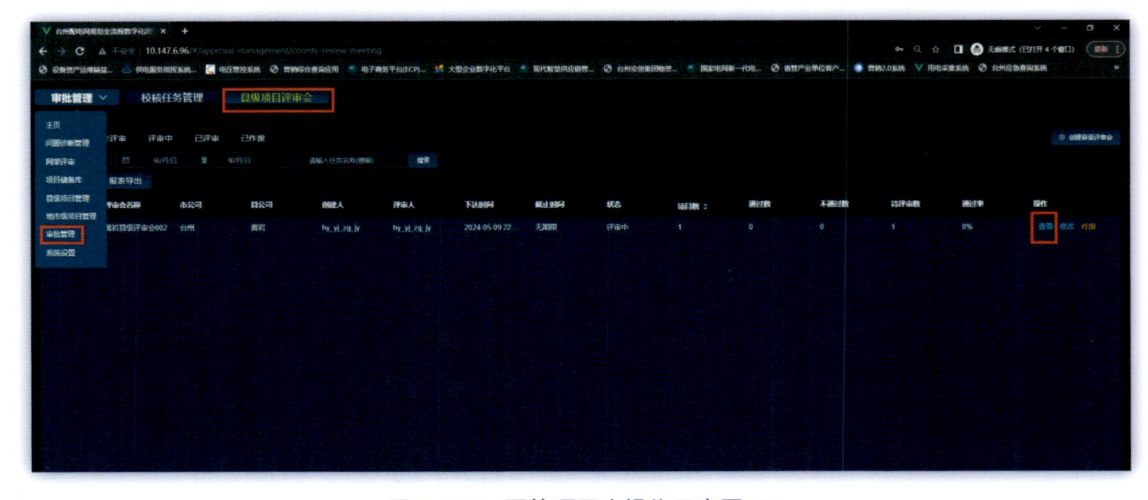

图 3-110　预筛项目库操作示意图 30

进入项目评审界面后单击“评审”按钮，进入项目详细信息界面，单击“校核 / 评审”，操作界面如图 3-111 所示。

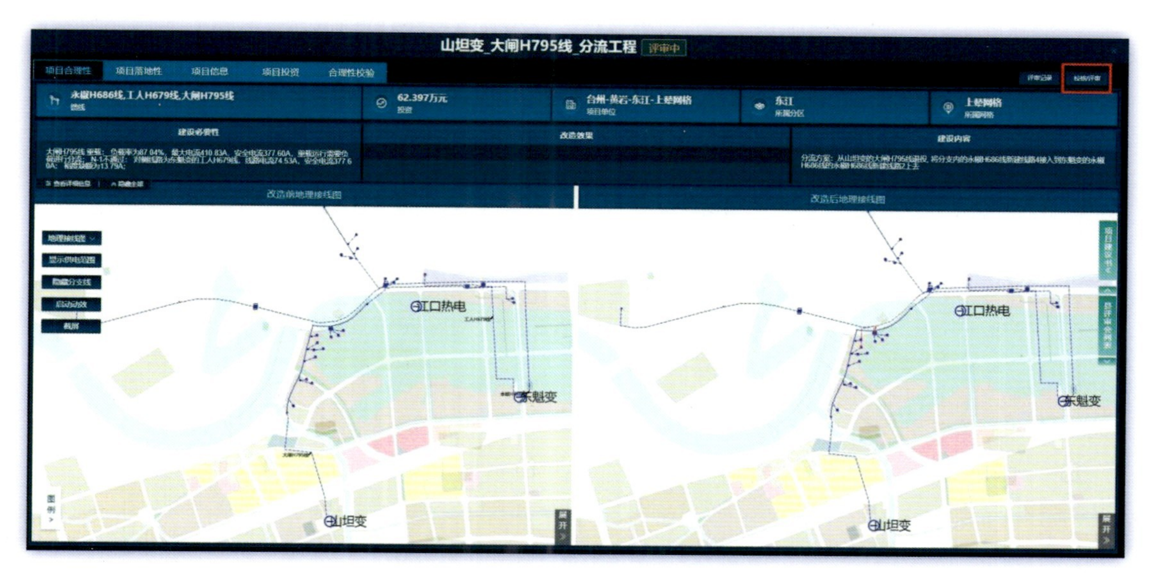


图 3-111 预筛项目库操作示意图 31

单击“校核 / 评审”按钮进入对话框界面，在对话框中对项目评审结果点选通过或不通过，并填写县公司发展部、运检部、供电所意见，填写完成后单击“确定”按钮，操作界面如图 3-112 所示。

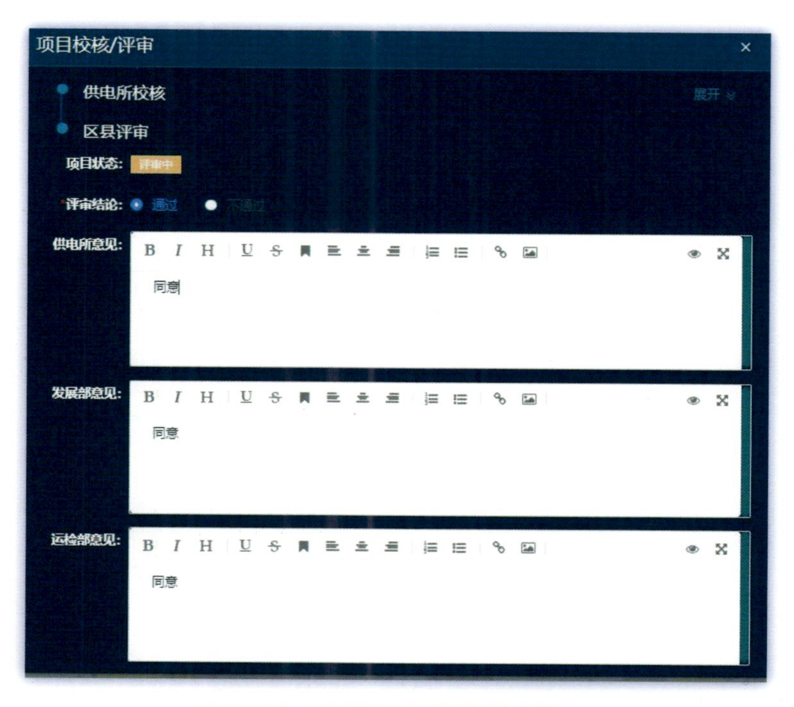


图 3-112 预筛项目库操作示意图 32

项目评审单击“确定”完成后，界面跳转至项目评审会界面，单击“结束并提交结果”，县级公司项目评审完成，项目流转进入市公司运检储备项目审批环节，操作界面如图 3-113 所示。

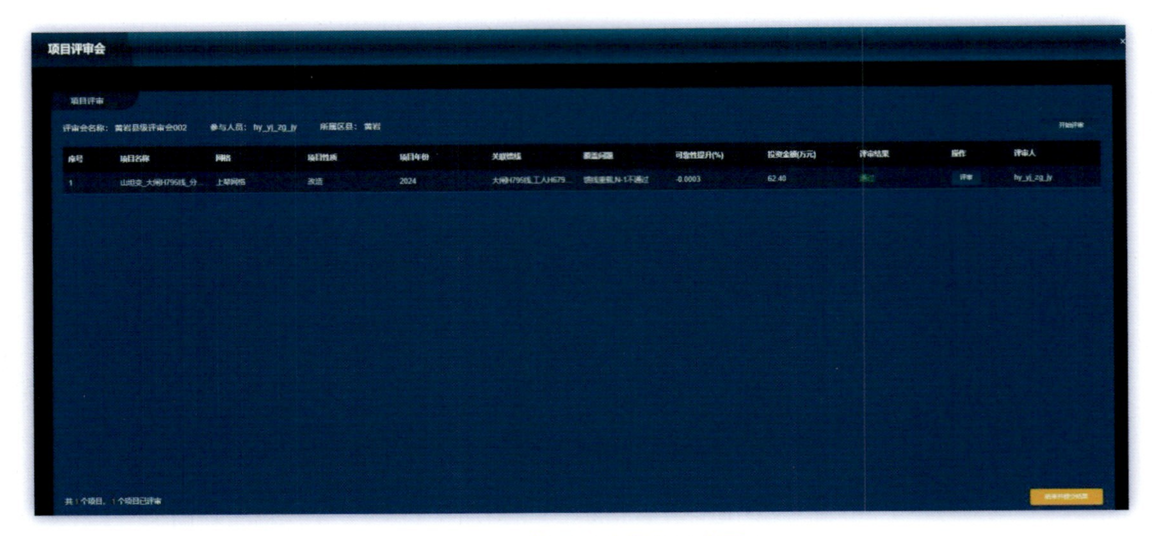

图 3-113　预筛项目库操作示意图 33

（6）地市级项目评审

县级公司项目评审完成后，项目流转进入地市公司项目评审环节，地市级评审会创建完成后，地市公司对项目进行评审，项目评审通过后，运检对需求项目库项目的二次筛选流程结束，项目流转进入储备项目库，项目库项目从规划生成到最终形成可研储备库流转完成。

功能路径："主页 — 审批管理 — 市级项目评审会 — 创建市级项目评审会"。

操作说明：

地市公司运检收到县级公司项目评审需求后，市运检专工进入首页左上角下拉菜单并选择"审批管理"，再单击"市级项目评审会"，在该界面下右上角处单击"创建市级评审会"，操作界面如图 3-114 所示。

图 3-114　预筛项目库操作示意图 34

单击“创建市级评审会”后，弹出评审会创建对话框，在对话框中选择相应的内容后单击“创建”，评审会创建成功，操作界面如图 3-115 所示。

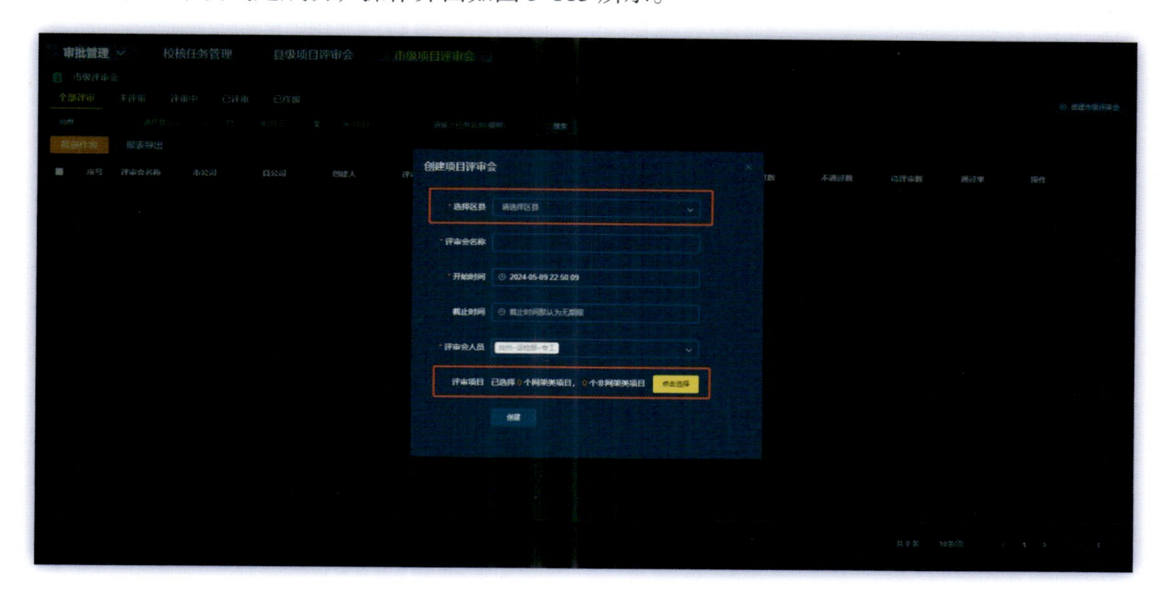


图 3-115 预筛项目库操作示意图 35

市级项目评审会创建完成后，新建的评审会将会出现在市级项目评审会界面列表清单中，单击评审会操作栏中的“查看”按钮，操作界面如图 3-116 所示。

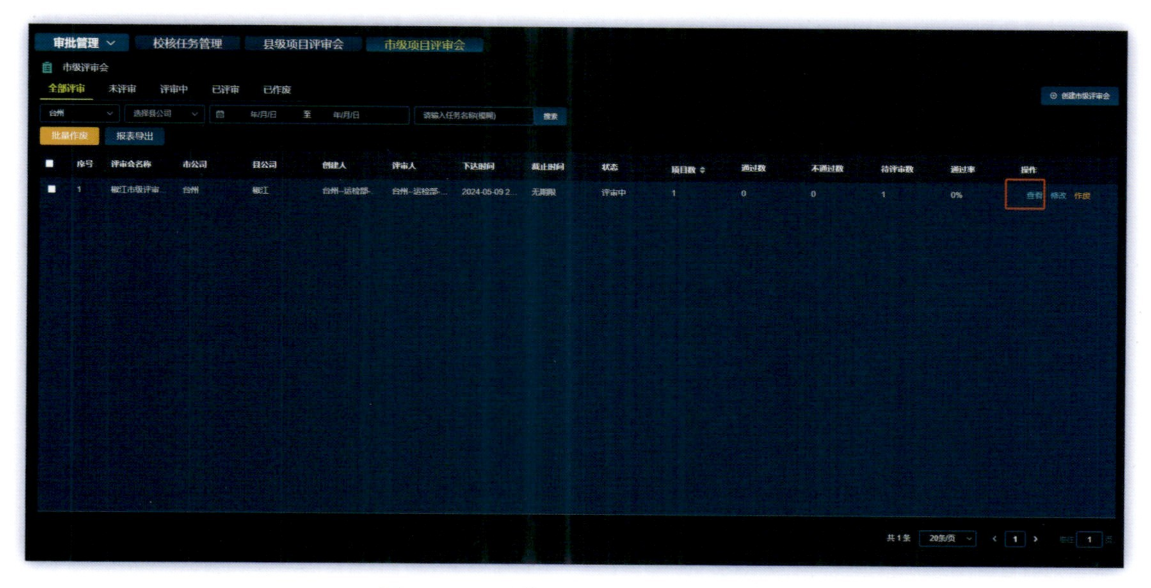


图 3-116 预筛项目库操作示意图 36

单击“查看”按钮后，弹出项目评审会界面，选择弹窗中的“评审”，操作界面如图3-117 所示。

图 3-117　预筛项目库操作示意图 37

单击“评审”按钮后，弹出评审界面，在此界面评审人员可以了解项目的详细信息，包括必要性、合理性、落地性、成效、投资、改造前后路径图等，单击“校核 / 评审”功能按钮弹出项目评审会界面，单击“通过”，操作界面如图 3-118 所示。

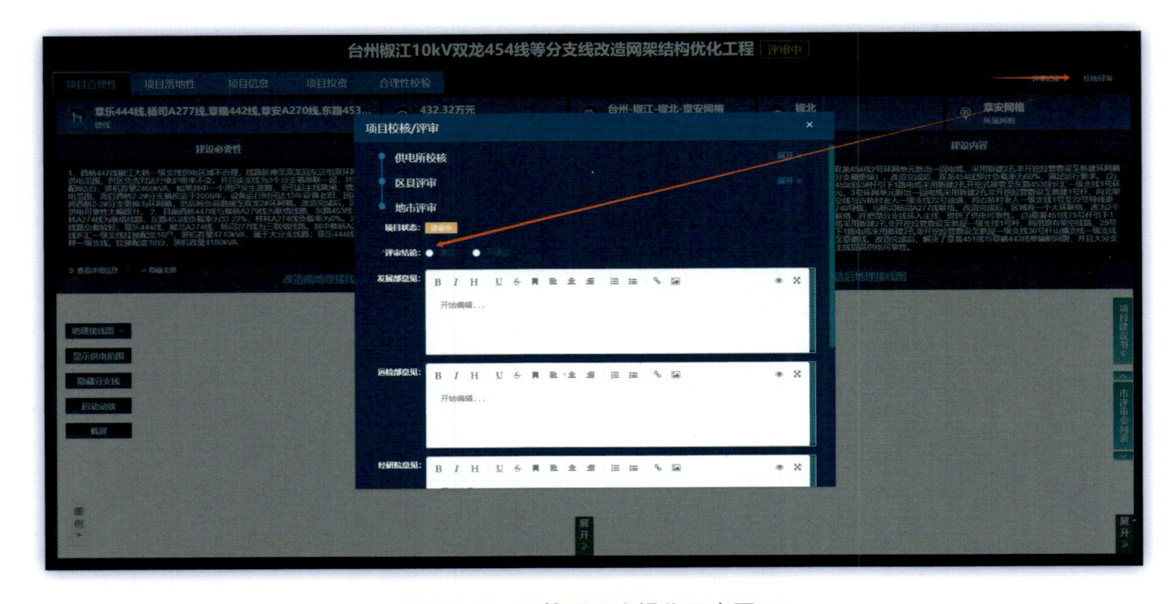

图 3-118　预筛项目库操作示意图 38

确定后返回项目评审会界面，单击“结束并提交结果”，地市公司项目评审结束，操作界面如图 3-119 所示。

图 3-119　预筛项目库操作示意图 39

地市公司项目评审结束后，项目流转进入储备项目库，县市公司人员可以在储备项目库的“可研项目”查看，此处同时以图表形式展示可研项目数量占需求项目数量的百分比，如图 3-120 所示。

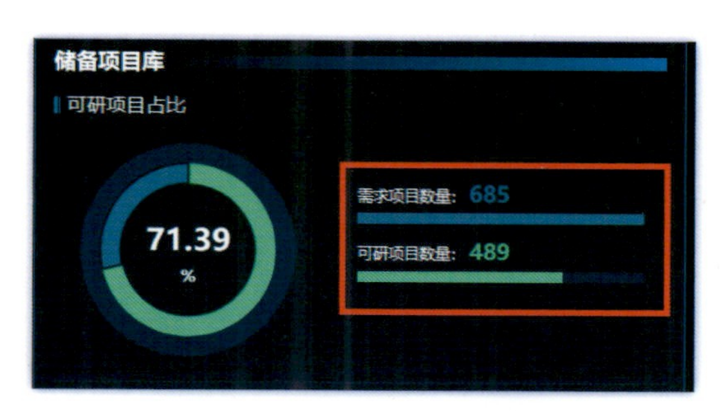


图 3-120　预筛项目库操作示意图 40

### 3）项目库项目流转

项目库锚定规划目标网架，平台根据区域发展定位、城市建设要求、电网现状等，以线路负荷、路径最短、成本最优、电力平衡等为边界条件，自动生成配电网目标网架，结合人工编制方案的录入和智能修改，最终生成过渡网架的项目库。

项目库项目流转需要将规划项目库的项目经过发展预筛后形成需求项目库，由县市公司运检对需求项目库项目进行二次筛选、评审，同时人工导入非网架类项目，最终形成储备项目库，如图 3-121 所示。下面对预筛项目库、需求项目库、储备项目库三个项目库之间的项目流转，最终形成储备项目库的相关步骤、操作流程做简要说明。

图 3-121 预筛项目库操作示意图 41

## 3.4 过程管理

### 3.4.1 四率合一

配网规划完成后进入具体施工建设阶段，配网线路施工建设过程涉及多专业与多部门协作，主要包含财务、运检部、发展部、物资部四大职能部门，与各职能部门都息息相关，因此施工阶段管控需更加精益化。

配网建设过程分类示意图如图 3-122 所示。

图 3-122 配网建设过程分类示意图

通过对运检、财务、物资、发展等专业相关指标数据抽取，相互比对，对配网项目的开工、施工和竣工全流程进行管控，分析其全流程过程中有无存在的问题。指标属性分为数据质量诊断和精益过程管控。

四大职能部门任务分配图如图 3-123 所示。

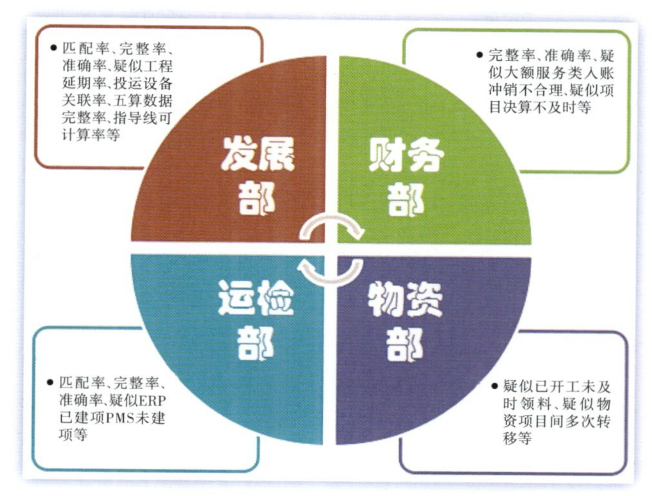


图 3-123　四大职能部门任务分配图

过程管理模块共 8 个模块，包含运检、财务、物资、发展等专业相关专业内容，同时包含各县区公司内容，下面具体介绍相关功能。

单击系统“主页”—“过程管理”，该功能模块首页布局如图 3-124 所示。

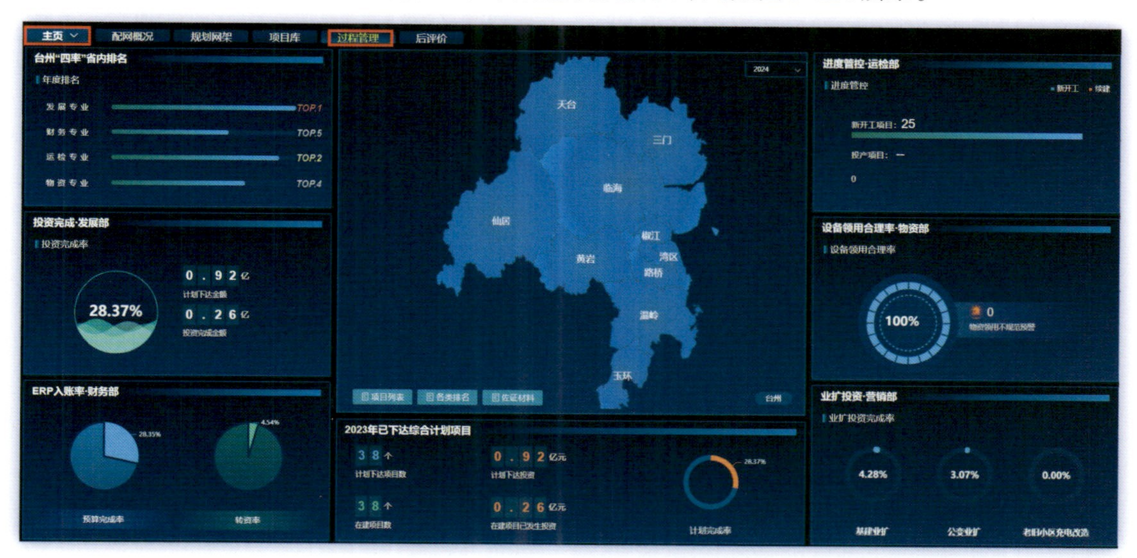


图 3-124　过程管理查看示意图

**市县操作权限：**该界面默认呈现账号权限供电公司企业经营区范围指标数据，若需进一步呈现具体区县数据，可在该界面中心区县分布区单击目标区县进行穿透。

①“某地区‘四率合一’省内排名”可总体把握某地区各专业年度排名在全省内情况，便于具体内容管控。

②“投资完成·发展部”涉及指标有匹配率、完整率、准确率、疑似工程延期率、投运设备关联率、五算数据完整率、指导线可计算率、指导线可用率、指导线与成本入账偏差合理率。

③“ERP 入账率·财务部”涉及指标有完整率、准确率、疑似大额服务类入账冲销不合理、疑似项目决算不及时。

④“进度管控·运检部”涉及指标有匹配率、完整率、准确率、疑似 ERP 已建项 PMS 未建项、疑似 PMS 已建项 ERP 未建项、疑似配网项目开工不合规、设备关联准确率、疑似配网项目建设无进展、疑似配网项目报送投产不及时、疑似配网项目投产时间不准确、疑似配网项目延期、疑似项目结算不及时、疑似在建项目物资领用金额超概算物资需求、疑似投产后退料不合规、疑似在建项目物资领用规模不合理、疑似已投产项目物资领用规模不合理、疑似项目预留号创建不及时、疑似工程物资预留执行不及时、疑似工程物资领退不合规。

⑤“设备领用合理率·物资部”涉及指标有疑似已开工未及时领料、疑似物资项目间多次转移。

⑥“业扩投资·营销部”涉及基建业扩、公变业扩、老旧小区充电改造，可直接展示相关业扩项目投资完成进度。

⑦“已下达综合计划项目”展示当前计划下达项目数与计划下达总投资，实时显示在建项目数与在建项目已发生投资，便于当前进度管控。

⑧“县市区内容”通过单击各县区内容，可穿透单击进入各县公司管理内容，对项目列表、各类排名和佐证材料进行查看与编辑。在区县公司首页界面左上角下拉选择主页，单击“过程管理”按钮，下拉选择数据年份，选择地市经营区下的某一具体区县经营范围，单击穿透进入该区县配网概况界面，具体如图 3-125 所示。

图 3-125　市县操作示意图

## 3.4.2　项目监管

### 1）年度排名

**功能说明：**年度排名界面可以查看发展部、运检部、财务部、物资部四大职能部门的总体四率合一指标排名情况。该界面默认呈现账号权限供电公司企业经营区范围排名情况，若需进一步呈现具体区县排名情况，可直接单击该区域进行查看。

**功能路径：**“主页 — 过程管理 — 某某四率某内排名 — 发展专业”。

**操作说明：**单击“发展专业”，该模块可以查看发展专业四率指标总体的排名情况，如图 3-126 所示。

图 3-126 “四率合一”发展专业排名示意图

**功能路径：**“主页 — 过程管理 — 某某四率某内排名 — 财务专业”。

**操作说明：**单击“财务专业”，该模块可以查看财务专业四率指标总体的排名情况，如图 3-127 所示。

图 3-127 “四率合一”财务专业排名示意图

**功能路径：**“主页 — 过程管理 — 某某四率某内排名 — 运检专业”。

**操作说明：**单击“运检专业”，该模块可以查看运检专业四率指标总体的排名情况，如图 3-128 所示。

图 3-128 “四率合一”运检专业排名示意图

**功能路径：**“主页 — 过程管理 — 某某四率某内排名 — 物资专业”。

**操作说明：**单击“物资专业”，该模块可以查看物资专业四率指标总体的排名情况，如图 3-129 所示。

图 3-129 “四率合一”物资专业排名示意图

2）投资完成率

**功能说明：**发展部的投资完成率指标是指 ERP 已建项目本年累计投资完成金额和 ERP 已建项目本年累计投资计划下达金额的占比。其中 ERP 主表中有项目编码的代表 ERP 已建项目。

本年投资计划取自网上电网投资计划模块。本年投资完成取自网上电网投资统计模块投资完成月报中的本年投资完成校核值。该界面默认呈现账号权限供电公司企业经营区范围指标数据，若需进一步呈现具体区县数据，可直接单击该区域进行查看。

**功能路径：**“主页 — 过程管理 — 投资完成率”。

**操作说明：**单击“投资完成率”，该模块可以查看具体区县投资完成率的总体情况，包括具体的本年投资完成金额、投资计划下达金额及投资完成率，如图 3-130 所示。

图 3-130　投资完成率示意图

3）ERP 入账率

**功能说明：**财务部的 ERP 入账率指标分为预算完成率和转资率。预算完成率指标目的是反映该单位各项目预算完成情况。预算完成率取数公式：项目当年的入账成本 / 项目年度财务预算数。转资率指标目的是反映该单位各类项目的转资情况。在项目范围内转资率转资分母包括：主网 / 配网 / 生产技改 / 非生技改 / 小型基建金额（若存在子项投产日期在本年，则取子项概算不含税；若子项均未在本年投产，则取大项概算不含税；若概算金额不存在，则取综合计划累计下达金额 ×0.9）、业扩 / 绿色通道项目金额（取大项概算不含税，若概算金额不存在，则取总合计累计下达金额 ×0.9）、固定资产零购金额（取综合计划累计下达金额 ×0.9）、营销 / 信息化金额（若存在子项投产日期在本年，则取子项概算不含税；若子项均未在本年投产，则取大项概算不含税；若概算金额不存在，则取综合计划资金计划累计下达金额 ×0.9）。转资分子包括：若以上分母为大项金额，则转资金额为累计转资金额；若以上分母为子项金额，则转资金额为本年转资金额。该界面默认呈现账号权限供电公司企业经营区范围指标数据，若需进一步呈现具体区县数据，可直接单击该区域进行查看。

**功能路径：**“主页 — 过程管理 —ERP 入账率财务部”。

**操作说明：**单击“ERP 入账率”，该模块可以查看具体区县 ERP 入账率的总体情况，包括具体的预算完成率和转资率百分比，如图 3-131 所示。

图 3-131　ERP 入账率示意图

#### 4）综合计划项目

**功能说明：** 综合计划项目界面可以直接查看计划下达项目数、在建项目数、计划完成率等数据，进一步还能查看项目列表、各类排名、佐证材料，如图 3-132 所示。

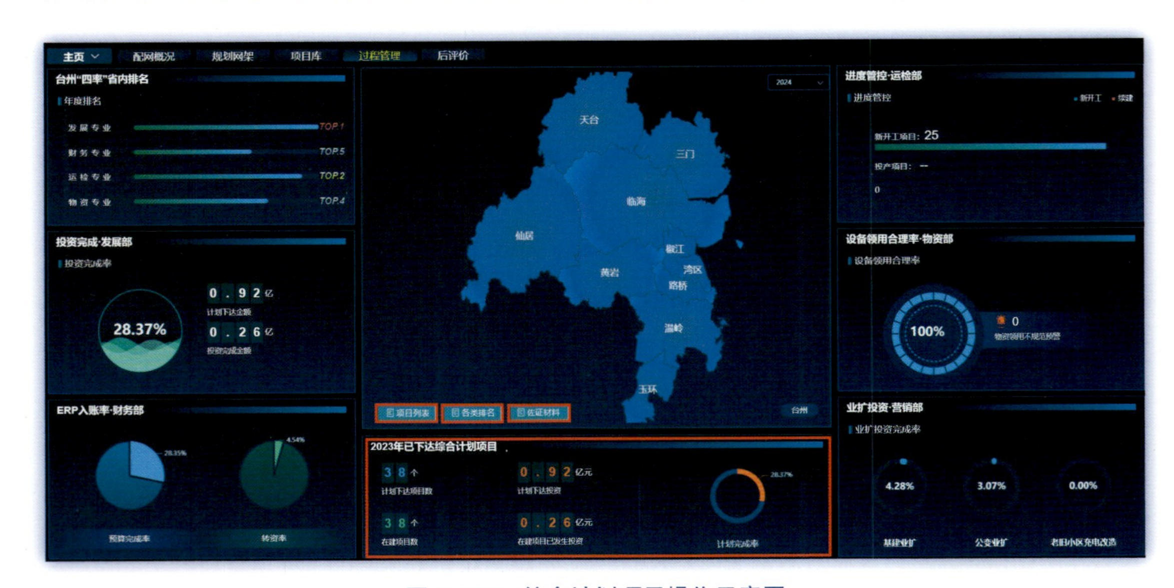


图 3-132　综合计划项目操作示意图

**功能路径：**"主页 — 过程管理 — 项目列表"。

**操作说明：** 单击"项目列表"，该模块可以查看具体的项目名称及对应项目具体的投资完成率、预算完成率和转资率等指标明细，如图 3-133 所示。

图 3-133 过程管理 — 项目列表操作示意图

5）进度管控

**功能说明：**运检部的进度管控指标主要依据配网工程里程碑管控工作任务节点。配网工程里程碑计划经发展部、财务部、物资部、各供电所业主项目部、监理项目部、集体企业经过专题会讨论定稿，并发文。配改办对照里程碑计划，从合同签订、交底、前期资料准备、开工等各个环节，逐一推进工程节点落实。配改办将在工程实际进场、完工和验收等任务完成时，结合四率合一要求，同步在 pms2.0 系统完成工程开工信息维护和开工报告上传，即可认定工程完成开工；在 pms2.0 系统完成工程验收信息维护和竣工验收报告上传，即可认定工程完工，并取完工时间作为网上电网工程投产时间。该界面默认呈现账号权限供电公司企业经营区范围指标数据，若需进一步呈现具体区县数据，可直接单击该区域进行查看。

**功能路径：**“主页 — 过程管理 — 进度管控”。

**操作说明：**单击“进度管控”，该模块可以查看各区县公司具体的项目进度，包括新开工、投产和续建的项目数量，如图 3-134 所示。

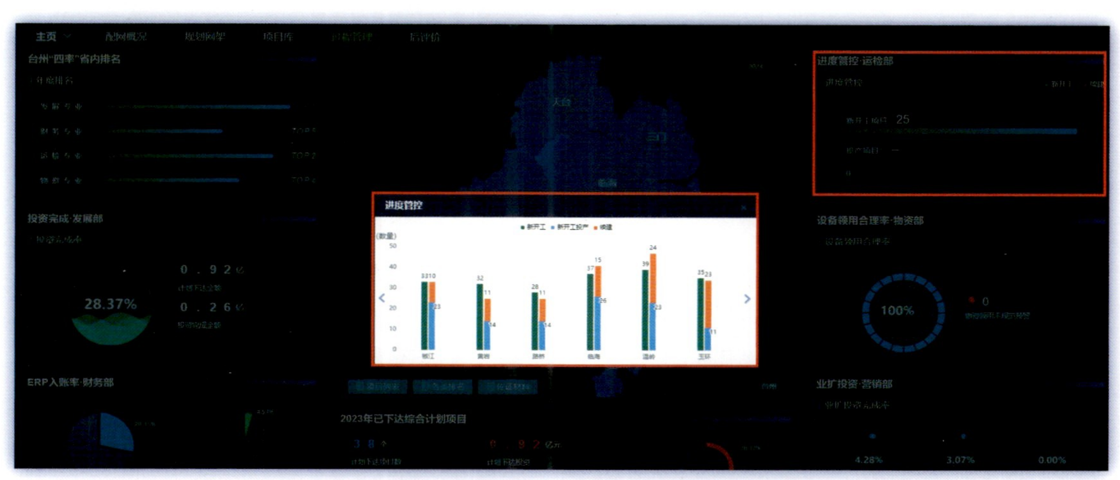

图 3-134 过程管理 — 进度管控操作示意图

6）设备领用合理率

**功能说明：**物资部的设备领用合理率涉及疑似在建项目物资领用规模不合理、疑似已投产项目物资领用规模不合理两个指标。疑似在建项目物资领用规模不合理告警率 =（疑似在建项目领用线路长度不合理告警率 + 疑似在建项目领用配变容量不合理告警率 + 疑似在建项目领用配变台数不合理告警率）/3。疑似已投产项目物资领用规模不合理告警率 =（疑似已投产项目领用配变台数不合理告警率 + 疑似已投产项目领用配变容量不合理告警率 + 疑似已投产项目领用线路长度不合理告警率 + 疑似投产后仍领料告警率）/4。该界面默认呈现账号权限供电公司企业经营区范围指标数据，若需进一步呈现具体区县数据，可直接单击该区域进行查看。

**功能路径：**“主页 — 过程管理 — 设备领用合理率”。

**操作说明：**单击“设备领用合理率”，该模块可以查看各区县公司具体的设备领用合理率，包括合理、不合理数量，如图 3-135 所示。

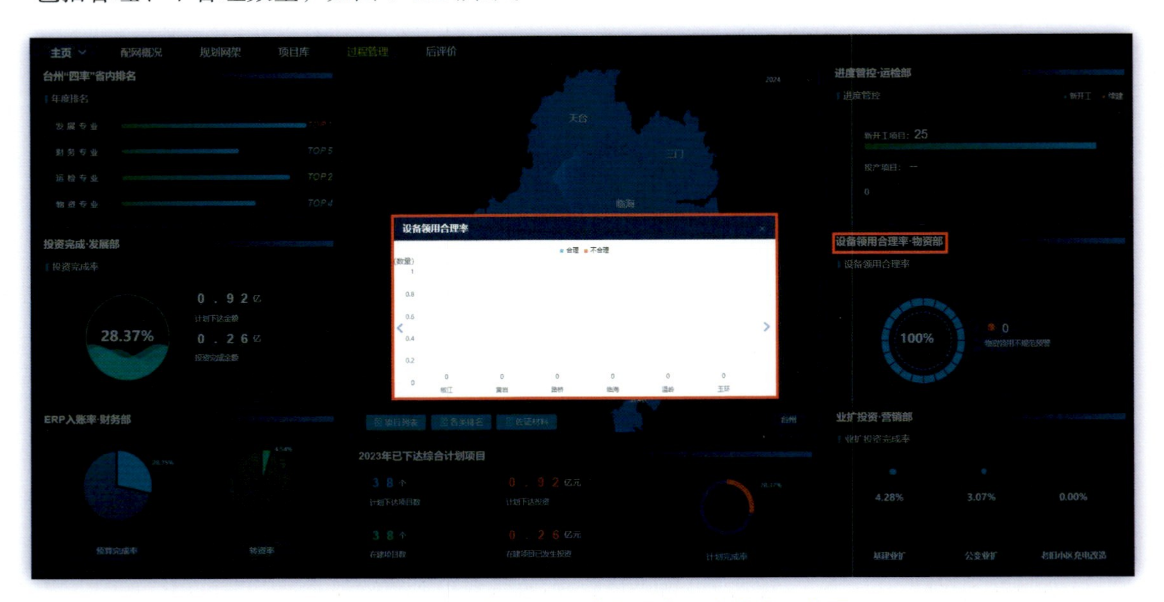


图 3-135　过程管理 — 设备领用合理率操作示意图

7）业扩投资完成率

**功能说明：**营销部的业扩投资完成率包括基建业扩、公变业扩和老旧小区充电改造。业扩即业务扩展，是电力供应企业接受客户用电申请的一项重要服务。这项服务主要包括以下几个环节：接受客户用电申请、确定供电方案、组织供电工程设计施工、审查和验收客户内部电气工程、签订供用电合同，以及最后的装表送电全过程。在这个过程中，业扩项目可以分为基建业扩、公变业扩以及老旧小区充电桩改造三类。

基建业扩主要是针对用户接入引发的公共电网改造及延伸。这种情况下，电力供应企业需要根据客户的用电容量、用电性质以及电网的现行情况和规划要求，制订出可行的供电方案。

这一方案的实施将有助于确保电力供应的稳定，满足不断增长的用电需求。

公变业扩则主要针对低压用户接入公用变压器的情况。当用户用电容量不足，导致电网需要改造时，电力供应企业要根据实际情况制订相应的供电方案，以保障电力供应的稳定性和安全性。

老旧小区充电桩改造是为了适应新能源汽车大量增长的趋势，对老旧小区地下车库的充电线路进行改造。这一改造项目旨在保障居民充电设施的完善，满足新能源汽车充电需求。业扩服务在电力供应企业与客户之间起着至关重要的作用。无论是基建业扩、公变业扩还是老旧小区充电桩改造，都是为了提供稳定、安全、高效的电力服务，满足社会各界日益增长的用电需求。在这个过程中，电力供应企业要充分考虑客户的用电需求和电网的实际情况，制订合理的供电方案，确保电力供应的顺利进行。该界面默认呈现账号权限供电公司企业经营区范围指标数据，若需进一步呈现具体区县数据，可直接单击该区域进行查看。

**功能路径：**“主页 — 过程管理 — 业扩投资完成率”。

**操作说明：**单击“业扩投资完成率”，该模块可以查看各区县公司的业扩投资完成率，具体包括基建业扩、公变业扩和老旧小区充电改造百分比，如图 3-136 所示。

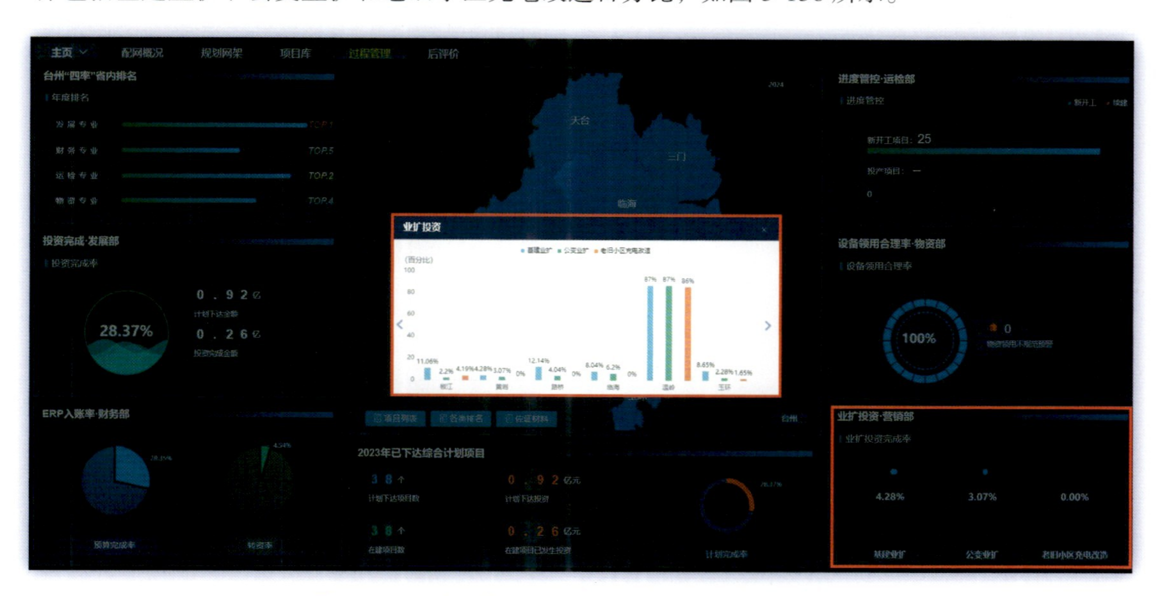


图 3-136　过程管理 — 业扩投资完成率操作示意图

## 3.5　后评价分析

随着电网建设理念逐渐向高质量发展，配电网发展既有着广阔的空间，又面临着一系列挑战，实现精准化投资、标准化建设、智能化提升、精益化管理日益成为配电网建设发展的核心。而配电网作为直接面向终端用户、服务民生经济的重要公共基础设施，点多面广，粗放式发展的局面尚未根本转变，发展不平衡、不充分、不协调的矛盾仍旧存在。为切实提升配电网发展质量和效益，服务“具有中国特色国际领先的能源互联网企业”的公司战略目标，“配电网规划全流程”平台设立了后评价分析功能，通过系统的计算和分析，实现配电网提升效果的量化评价，以及各区域发展效果的横向对比，为配电网发展成效、投资效益提供科学有效的评估手段，推动形成标准化、差异化、实用化的规划成果，真正落实“推广先进技术”“提升智能水平”等相关目标。

**功能说明：**本配电网后评价功能是结合目前电网建设发展情况，重点诊断电网供给能力、配网结构规范性、配网转供能力等方面，可分供电质量、供电能力、网架结构、装备水平、运行水平、经济性 6 个维度，涵盖供电可靠性、电压质量、容载比、负载率、N-1 通过率、标准接线率、分段合理率、大分支、重过载、线损率等细项指标，能够较全面反映配电网规划成果的主要特征。基于相关评估结果，按照对电网运行与发展影响程度建立问题库，作为后续建设改造方案指导，以更加有针对性地提高某些区域的电网综合水平。

**功能路径：**“首页—后评价”。

**操作说明：**单击“后评价”按钮可进入地市及所属区县各年度的问题解决情况、指标提升成效、规划落地率的分析界面，如图 3-137 所示。

图 3-137　配电网规划全流程后评价功能示意图

## 3.5.1　问题解决情况

### 1）电网现状分析

**功能说明：**后评价首页左侧“问题解决情况”是针对地市级列入项目库的项目实施后进行负面清单解决情况总览，能够直观明了展示项目规划年预期成效和过渡年问题解决效果。其中，“问题解决类型占比”清晰展示地区规划投资重点，结合各项指标的提升情况科学有效评估配电网发展成效、投资效益，为制订下一步提升方案提供参考。

**操作说明：**在后评价首页中央的地图模块左下角单击“项目指标后评价”，如图 3-138 所示，可进一步穿透至项目明细界面，如图 3-139 所示，可查看每个项目的项目类型、问题解决类型、可靠性提升能力、预期投资、实际投资、开工投产日期，辅助规划人员研判单个项目的投资效益。

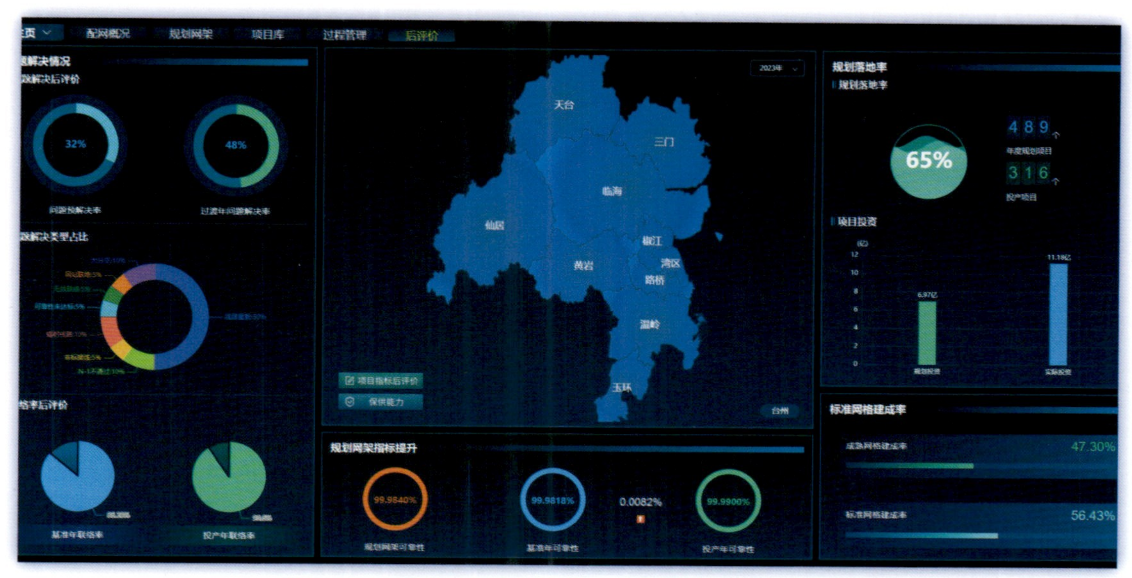

图 3-138　规划全流程后评价—问题解决总览（地市）

图 3-139　规划全流程后评价—问题解决明细

在后评价首页中央的地图模块左下角单击“保供能力”，可进一步穿透至电网关键指标展示界面，分地市、区县展示各电压等级的容载比、低效设备占比、供电可靠性、综合电压合格率等指标，体现各区县电网发展程度横向对比，如图 3-140 所示，便于差异化制订提升方案。

| 序号 | 指标名称 | 台州 | 湾区 | 椒江 | 黄岩 | 路桥 | 临海 | 温岭 | 玉环 | 天台 | 仙居 | 三门 |
|---|---|---|---|---|---|---|---|---|---|---|---|---|
| 1 | 110kV容载比 | 2.07 | 1.71 | 2.02 | 1.82 | 2.22 | 1.88 | 1.88 | 1.84 | 2.1 | 2.12 | 2.18 |
| 2 | 35kV容载比 | 2.1 | 1.86 | 2.1 | 1.87 | 1.81 | 1.62 | 1.82 | 2.01 | 1.6 | 1.95 | 2.25 |
| 3 | 35kV线路低效占比(%) | 15.91 | 0 | 0 | 13.64 | 27.27 | 10.81 | 16.67 | 7.14 | 26.67 | 26.09 | 25 |
| 4 | 10kV线路低效占比(%) | 9.47 | 5.49 | 9.35 | 4.84 | 8.17 | 9.84 | 7.05 | 9.8 | 6.67 | 22.22 | 14.8 |
| 5 | 35kV变压器低效占比(%) | 7.33 | 0 | 15.38 | 6.25 | 0 | 0 | 0 | 0 | 12.5 | 37.5 | 0 |
| 6 | 10kV变压器低效占比(%) | 11.38 | 2.39 | 9.62 | 7.53 | 8.76 | 7.44 | 6.85 | 11.76 | 21.54 | 23.64 | 22.87 |
| 7 | 供电可靠率(%) | 99.988 | 99.9831 | 99.9901 | 99.9831 | 99.9915 | 99.9799 | 99.9852 | 99.9851 | 99.9806 | 99.9829 | 99.9735 |
| 8 | 综合电压合格率(%) | 99.85 | 99.906 | 99.886 | 99.853 | 99.899 | 99.833 | 99.824 | 99.82 | 99.816 | 99.829 | 99.789 |



图 3-140　规划全流程后评价—指标横向对比

在后评价首页中央的地图模块上选中需要查看的区县，可进一步穿透至该区县界面，此界面同样包含其各年度的问题解决情况、指标提升成效、规划落地率的分析界面，便于在县级层面开展成效分析工作，如图 3-141 所示。

| 序号 | 项目名称 | 县公司 | 项目类型 | 预投资 | 实际投资 | 开工日期 | 完工日期 |
|---|---|---|---|---|---|---|---|
| 1 | 台州湾新区1... | 湾区 | 续建 | 172.00万元 | 232.00万元 | -- | -- |
| 2 | 台州湾新区1... | 湾区 | 续建 | 181.00万元 | 236.00万元 | -- | -- |
| 3 | 台州湾新区2... | 湾区 | 续建 | 273.00万元 | 318.00万元 | -- | -- |
| 4 | 台州湾新区1... | 湾区 | 续建 | 14.00万元 | 14.00万元 | -- | -- |
| 5 | 台州湾新区1... | 湾区 | 续建 | 48.00万元 | 48.00万元 | -- | -- |
| 6 | 台州湾新区1... | 湾区 | 续建 | 110.00万元 | 110.00万元 | -- | -- |
| 7 | 台州湾新区1... | 湾区 | 新建 | 350.00万元 | 348.39万元 | -- | -- |
| 8 | 台州湾新区1... | 湾区 | 新建 | 267.00万元 | 265.54万元 | -- | -- |
| 9 | 台州湾新区1... | 湾区 | 新建 | 252.00万元 | 250.20万元 | -- | -- |
| 10 | 台州湾新区1... | 湾区 | 新建 | 148.00万元 | 144.11万元 | -- | -- |
| 11 | 台州湾新区1... | 湾区 | 新建 | 150.00万元 | 149.52万元 | -- | -- |
| 12 | 台州湾新区1... | 湾区 | 新建 | 630.00万元 | 606.26万元 | -- | -- |
| 13 | 台州湾新区1... | 湾区 | 新建 | 120.00万元 | 116.49万元 | -- | -- |
| 14 | 台州湾新区1... | 湾区 | 新建 | 38.00万元 | 36.71万元 | -- | -- |
| 15 | 台州湾新区1... | 湾区 | 新建 | 196.00万元 | 194.56万元 | -- | -- |



图 3-141　规划全流程后评价—问题解决总览（区县）

以某地市某城区（W 区）2023 年后评价应用情况为例。首先可通过“首页—配网概况”功能穿透至该区电网规模、电网指标、问题诊断情况，如图 3-142 所示，可得知 W 区供电总面积 138.46 $km^2$，常住人口 20.9 万人，“四上”企业 564 家，其中高新技术企业 203 家，384 家规上工业企业。目前，该区定位民营经济高质量发展示范区，规划为“一廊一带两心六区”的空间结构，用地性质以工业、商业、居住用地为主，正值大力推进招商引资和重大项目建设期，核心产业集聚效应凸显，负荷增长较快，2023 年全社会用电量 25.21 亿 kW·h，最大负荷 452.427 MW，分别增长 8.88% 和 9.77%。

W 区 2020—2022 年线路规模和间隔剩余率变化情况如图 3-143 所示。

图 3-142　规划全流程电网概况（区县）

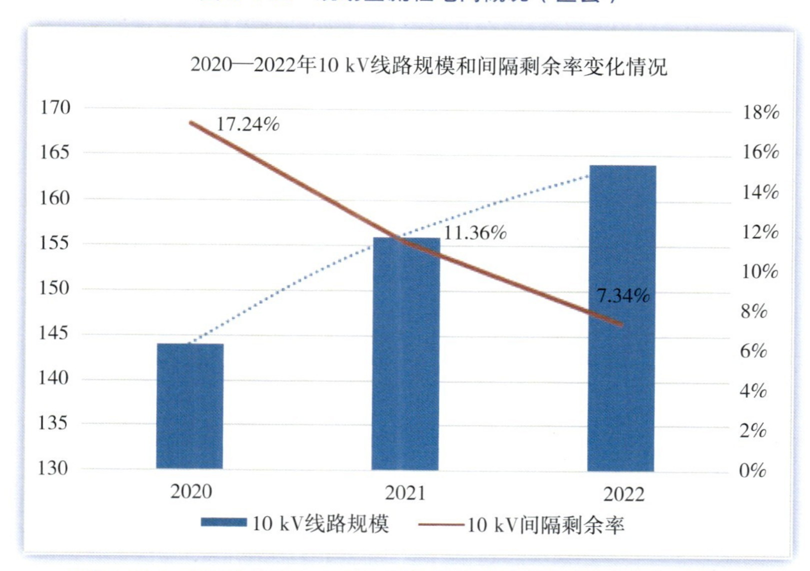


图 3-143　W 区 2020—2022 年线路规模和间隔剩余率变化情况

W 区共划分为 11 个供电网格，域内 110 kV 变电站 5 座，35 kV 变电站 2 座，总容量 580 MV·A；线路 168 回，线路总长度 1 099.71 km，电缆化率 70.41%；公用配变 802 台，总容量 469.48 MV·A，专用配变 1 461 台，总容量 1 473.72 MV·A。在“配网概况—问题诊断”中，单击各类问题，可以显示该类问题汇总信息及其明细，如单击“辐射线路”“N-1不通过”等按钮，可获悉 W 区线路互联率 93.13%，不满足 N-1 条件 15 条，辐射线路包含用户专线7条，公线专用11条，大分支线路9条，重载台区7.03%，供电可靠率99.984 4%，综合电压合格率99.649%，配电自动化覆盖率70.94%。根据选择的问题类型，如选择“N-1不通过”和“大分支”，可导出线路问题明细表，并支持人工维护更新，详见表3-1、表3-2。

表3-1　不满足N-1校验线路联络清单

| 序号 | 变电站 | 线路名称 | 对侧联络线路 | 对侧变电站母线 | 整个联络电流/A | 原因 |
|---|---|---|---|---|---|---|
| 1 | WJ变Ⅰ | NDP157线 | BXP216线 | BH变Ⅱ | 542 | BH变#2主变重载，NDP157线线路带BXP216线部分负荷；联络不满足N-1 |
| 2 | NC变Ⅱ | LMP173线 | BYP223线 | BH变Ⅱ | 620 | BH变#2主变重载，LMP173线带BYP223线部分负荷；联络不满足N-1 |
| 3 | BH变Ⅱ | BSP220线 | WSP151线 | WJ变Ⅰ | 663 | BSP220线接入最大负载7 MW的用户（××有限公司），联络不满足N-1 |
| 4 | BH变Ⅰ | HEP205线 | JTP150线 | WJ变Ⅱ | 532 | HEP205线侧线路负荷重；联络不满足N-1 |
| 5 | NC变Ⅰ | DKP170线 | BSP183线 | NC变Ⅱ | 615.89 | 线路负载重，联络不满足N-1 |
| 6 | WJ变Ⅱ | DKP160线 | HLP209线 | BH变Ⅱ | 731 | 线路负载重，联络不满足N-1 |
| 7 | BH变Ⅱ | BEP218线 | YTP155线 | WJ变Ⅰ | 520 | WJ变#2主变重载，BEP218路带YTP155线部分负荷；联络不满足N-1 |
| 8 | DK变Ⅱ | MJP111线 | KHP312线 | JP变Ⅱ | 515 | 线路负载重，联络不满足N-1 |
| 9 | WJ变Ⅱ | ZFP154线 | HNP201线 | BH变Ⅰ | 498 | 线路负载重，联络不满足N-1 |
| 10 | SJ变Ⅰ | SDP357线 | ZNP346线 | CG变Ⅰ | 383 | 线路负载重，联络不满足N-1 |
| 11 | SJ变Ⅰ | JJP359线 | SBP347线 | CG变Ⅰ | 497 | 联络不满足N-1 |
| 12 | CG变Ⅱ | ZXP032线 | BJP176线 | NC变Ⅱ | 485 | 联络不满足N-1 |

表3-2　大分支线路清单

| 序号 | 供电网格 | 支线名称 | 所属主线 | 支线配变数 | 主线配变数 |
|---|---|---|---|---|---|
| 1 | JL网格 | JIP7056分支线 | BSP183线 | 22 | 26 |
| 2 | YZ网格 | YHP7181分支线 | HNP201线 | 44 | 80 |
| 3 | ZC网格 | NYFP0184分支线 | HSP320线 | 26 | 54 |
| 4 | QH网格 | ZGP8086分支线 | LJP162线 | 29 | 35 |
| 5 | QH网格 | QFP7028分支线 | QHP179线 | 34 | 48 |
| 6 | YH网格 | HXP7987分支线 | SNP236线 | 21 | 57 |

续表

| 序号 | 供电网格 | 支线名称 | 所属主线 | 支线配变数 | 主线配变数 |
|---|---|---|---|---|---|
| 7 | YH 网格 | CYP7543 分支线 | TYP252 线 | 27 | 72 |
| 8 | ZC 网格 | NYFP2212 分支线 | XYP109 线 | 26 | 44 |
| 9 | JQ 网格 | HJP8197 分支线 | ZHP273 线 | 20 | 27 |

2）解决情况

由于该区正处开发建设高峰，地块开发进度快，2023 年大用户报装 27 户，总需求为 20.4 万 kV·A，预计未来两年负荷新增 10.9 万 kW，原本的电网难以满足高供电可靠性要求，网 - 荷发展不协调，对网架类项目建设需求强烈。

**功能说明：**通过应用规划全流程平台，针对 W 区往年网架建设和指标表现上的缺失与不足，充分预估建设必要性、电网可靠性提升、用户接入需求，生成对应的配电网建设改造项目，包括网架优化完善和解决新增电力设施布局问题，通过单击“问题预解决率”自动跳转至 W 区的项目库界面，可查看项目总体概况，如图 3-144 所示，本例新生成 15 个项目，新增投资 4 306 万元。

图 3-144 规划全流程后评价 - 问题预解决（区县）

**功能路径：**“首页—后评价—问题解决后评价—问题预解决率”。

**操作说明：**在“项目库—规划项目库—规划项目筛选数量”板块单击“项目筛选>”，显示生成的规划项目明细，如图 3-145 所示，根据不同规划目的，可按“可靠性提升优先”“解决问题数优先”筛选出拟进入可研设计阶段的项目，如图 3-146 所示，再进行提交。提交清单通过可研评审并审批后可在“储备项目库”查看，如图 3-147 所示。

图 3-145　规划全流程后评价 - 项目库（区县）

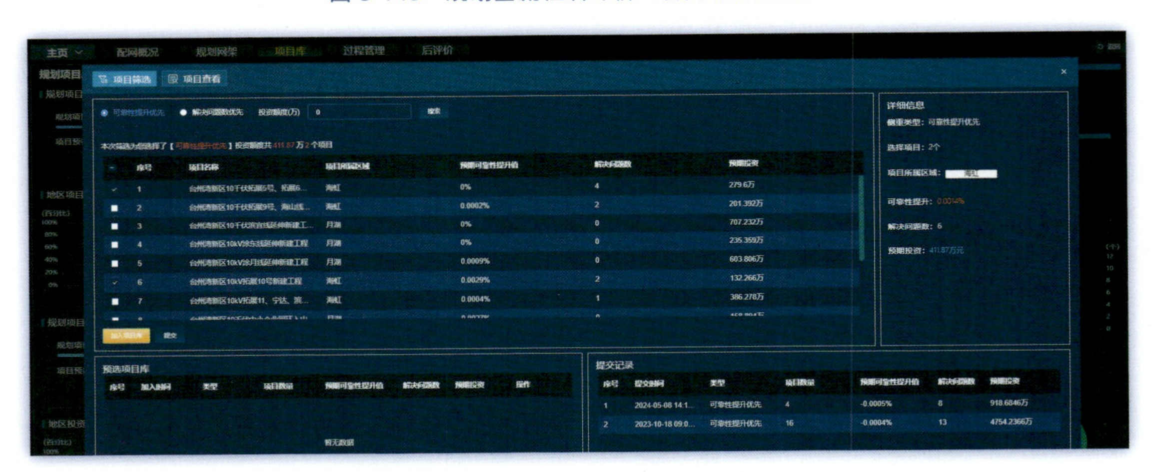


图 3-146　规划全流程后评价 - 生成项目筛选及查看（区县）

图 3-147　规划全流程后评价 - 生成项目清单（区县）

在“项目库—规划项目库—规划项目筛选数量—项目筛选—项目查看”中能够查看提交的生成项目详情，单击“查看”跳出规划全流程平台对选中项目提出的具体解决方案，如图 3-148 所示，系统采用图表等可视化的方式，建立配电网现状问题与项目措施之间的关联，直观展示现状问题在近中期的解决情况，同时也能通过界面提示快速定位到对应项目建议书和改造前后对比图，迅速了解项目必要性、改造方案、建设成效，导出本例生成项目的解决措施见表 3-3。

图 3-148　规划全流程后评价—规划项目方案查看（区县）

表 3-3　问题解决情况表

| 序号 | 所属网格 | 工程名称 | 线路名称 | 投资估算/万元 | 问题 | 问题解决方案 | 问题解决情况 |
|---|---|---|---|---|---|---|---|
| 1 | JK 网格 | W 区 10 kV CG5 号、6 号线、LM、BY 线网架结构优化新建工程 | BYP223 线；LMP173 线 | 368.074 | 线路重载，线路 N-1 | 110 kV CG 变新增 2 回 10 kV 出线，将原 LM、BY 单环网拆分成两组单环网，缓解 NC 变、BH 变重载问题。支撑区域负荷增长 | 结合运行方式调整，有效降低了两条线路负载率 |
| 2 | JL 网格 | W 区 10kV JL 线延伸新建工程 | LJP257 线；SMP238 线；FLP182 线；JLP180 线 | 191.179 | 单辐射，重载 | 延伸 JL 线与 ×× 工程退出的 SM 线形成单环网 | 解决 JL 线单辐射问题，支撑负荷集中区域 |
| 3 | YZ 网格 | W 区 10 kV TZ5 号、TZ6 号，YT，ZF 线双环网新建工程 | HNP201 线；HSP206 线；BEP218 线；ZFP154 线；YTP155 线 | 279.6 | 重载，用户报装容量大 | 新增两回线路对原双环网进行分流 | 提供满足周边用户电源接入需求的供电保障，解决挂接容量超标问题 |

续表

| 序号 | 所属网格 | 工程名称 | 线路名称 | 投资估算/万元 | 问题 | 问题解决方案 | 问题解决情况 |
|---|---|---|---|---|---|---|---|
| 4 | YZ 网格 | W 区 10 kV TZ7 号、TZ8 号，BE，HN 线双环网新建工程 | HNP201 线；HSP206 线；BEP218 线；ZFP154 线；YTP155 线 | 90.908 6 | 重载，线路 N-1 | 新增两回线路对原双环网进行分流 | 提供满足周边用户电源接入需求的供电保障，解决挂接容量超标问题 |
| 5 | YZ 网格 | W 区 10 kV TZ9 号、HS 线单环环网新建工程 | HNP201 线；HSP206 线 | 201.392 | 线路大分支，线路非标准接线，线路 N-1 | 利用 HSP206 线剩余 BH 变至 XX 大道段的空载电缆与新出线路形成单环网，切走 HN 线的分支线 | 解决 HN 单辐射问题；将大分支改入主线，优化了网架结构 |
| 6 | YH 网格 | W 区 10 kV BY 线延伸新建工程路 | BSP219 线；BYP217 线；JBP228 线；SNP245 线 | 707.232 | 线路大分支 | BYP2HX 支线 11 号杆新建 10 kV 延伸线路 | 预计线路负载率 42%，为 YH 片区已计划布置的 18 座路灯变提供电源接入点。同时为附近的中小学、派出所、交警队等众多重要双电源用户提供供电保障 |
| 7 | YH 网格 | W 区 10 kV TL 线延伸联络新建工程 | TMP259 线；TLP258 线；LJP162 线 | 268.523 | 线路大分支，线路 N-1，线路单辐射 | 将 TMP3SS 支线、TMP2RZ 支线 P1 号环网箱、TMP2DS 支线 P1 号分支箱（更换环网箱）环入 TL 主线。最终形成 110 kVNC 变出线 10 kVLJP162 线、110 kVST 变出线 10 kVTMP259 线、10 kVTLP258 线三联络 | 解决了部分线路重载的问题；消除大分支 |
| 8 | YH 网格 | W 区 10 kV TD 线延伸新建工程 | TDP253 线；SHP242 线 | 235.359 | 非标联络 | 对现有的 TD 线进行向东延伸 | 逐渐向东延伸最后与 SH 线末端联络，形成标准接线 |

续表

| 序号 | 所属网格 | 工程名称 | 线路名称 | 投资估算/万元 | 问题 | 问题解决方案 | 问题解决情况 |
|---|---|---|---|---|---|---|---|
| 9 | YH 网格 | W 区 10 kV TY 线延伸新建工程 | HNP202 线；JBP228 线；TYP252 线；SNP245 线 | 603.806 | 线路大分支，线路非标准接线，同站联络 | 由已建 P2# 环网箱及 SNP3# 环网箱各新出 1 路电缆，由西向东敷设 | 短期满足用户接入需求，逐步向目标网架过渡 |
| 10 | YZ 网格 | W 区 10 kV TZ10 号新建工程 | HEP205 线；BSP220 线 | 132.266 | 线路重载，线路非标准接线，线路大分支，线路 N-1 | 变电站配套出线 | 解决大容量用户用电报装问题，向目标网架过渡 |
| 11 | YZ 网格 | W 区 10 kV TZ11、ND、BX、HL 线双环网新建工程 | BXP216 线；HLP209 线；NDP157 线 | 386.278 | 线路重载，线路非标准接线，线路大分支，线路 N-1 | 110 kVTZ 变新出一回线与 110 kVWJ 变出线 ND 线、110 kVBH 变 HL 线、BX 线形成一组新的双环网 | 解决原复杂联络；切割重载线路负荷 |
| 12 | YH 网格 | W 区 10 kV 中小企业园环入 SN、TY 线网架结构优化工程 | HNP202 线；JBP228 线；TYP252 线 | 158.894 | 线路大分支 | 将中小企业园内 XW 支线、CY 支线等 10 个环网箱环入 TY、SN 主线 | 大分支环入主线，提高供电可靠性 |
| 13 | QH 网格 | W 区 10 kV DK、BS、XX、XL 双环网新建工程 | TLP257 线；SMP238 线；SPP243 线；FLP182 线；YHP164 线；DKP170 线；BSP183 线 | 328.392 | 线路 N-1，同站联络，非标联络，线路重载，线路大分支 | 110 kVNC 变出线 DK 线、BS 线与 110 kVZY 变出线 XL 线、XX 线组成一组双环网 | 解决同站互联；单环网改造为双环网，降低线路负载率 |
| 14 | QH 网格 | W 区 10 kV 青丰智谷园区环入 QH、LJ 线网架结构优化工程 | TMP259 线；SQP246 线；QHP179 线；LJP162 线 | 179.439 | 线路大分支，非标联络 | 10 kVLJ 线 LJP1 支线、QH 线 QHP2 支线环入主线 | 大分支环入主线，提高供电可靠性 |
| 15 | SJ 网格 | W 区 10 kV BJ 线改造工程 | BJP176 线；ZXP032 线 | 175.046 | 线路 N-1 | 将 37# 杆至 79# 杆架空线路导线由 LGJ-95 更换为 JKLYJ-10/240 导线 | 提高了线路输送容量 |

通过这 15 个项目的实施，解决了 W 区 8 组重过载联络线路、7 回大分支线路、3 回非标接线、2 回同站互联等，优化腾出 1 个 10 kV 出线间隔，形成 4 组标准双环网、1 组标准单环网，网架结构变得更加坚强，解决了近期报装用户可靠接入问题，同时为负荷增长超出预期留有适度裕度。

以表 3-3 中 1 号项目为例，项目具体方案包含了改造前后地理接线图对比，如图 3-149 所示，必要性解释、改造效果说明、建设内容描述，穿透“项目投资”系统会罗列出项目涉及设备及其单价、各类费用明细，辅助研判投资合理性，如图 3-150 所示。

图 3-149 1 号项目改造前、后接线图

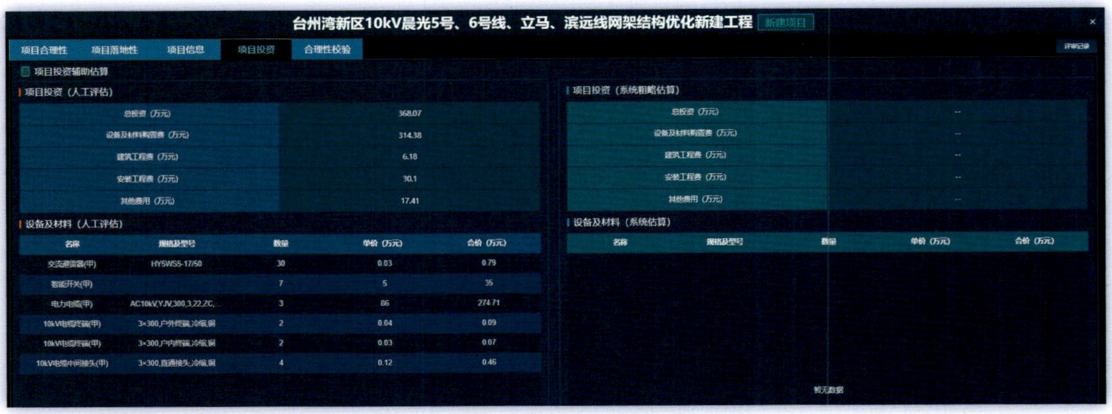

台州湾新区10kV晨光5号、6号线、立马、滨远线网架结构优化新建工程 新建项目

项目合理性 项目落地性 项目信息 项目投资 合理性校验 详审记录

项目投资辅助估算

项目投资（人工评估）

| 总投资（万元） | 368.07 |
| --- | --- |
| 设备及材料购置费（万元） | 314.38 |
| 建筑工程费（万元） | 6.18 |
| 安装工程费（万元） | 30.1 |
| 其他费用（万元） | 17.41 |

设备及材料（人工评估）

| 名称 | 规格及型号 | 数量 | 单价（万元） | 合价（万元） |
| --- | --- | --- | --- | --- |
| 交流避雷器(甲) | HY5WS5-17/50 | 30 | 0.03 | 0.79 |
| 智能开关(甲) |  | 7 | 5 | 35 |
| 电力电缆(甲) | AC10kV,YJV,300,3,22,ZC,... | 3 | 86 | 274.71 |
| 10kV电缆终端(甲) | 3×300,户外终端,冷缩,铜 | 2 | 0.04 | 0.09 |
| 10kV电缆终端(甲) | 3×300,户内终端,冷缩,铜 | 2 | 0.03 | 0.07 |
| 10kV电缆中间接头(甲) | 3×300,直通接头,冷缩,铜 | 4 | 0.12 | 0.46 |

项目投资（系统粗略估算）

| 总投资（万元） | -- |
| --- | --- |
| 设备及材料购置费（万元） | -- |
| 建筑工程费（万元） | -- |
| 安装工程费（万元） | -- |
| 其他费用（万元） | -- |

设备及材料（系统估算）

| 名称 | 规格及型号 | 数量 | 单价（万元） | 合价（万元） |
| --- | --- | --- | --- | --- |

暂无数据

图 3-150 1 号项目投资估算

穿透“合理性校验”，系统能够自动校验项目涉及线路、变压器等设备的负荷数据，并自行分析相关指标提供必要性支撑数据，同时为避免特殊情况影响，可上传人工评估结果进行双重校核，如图 3-151 所示。

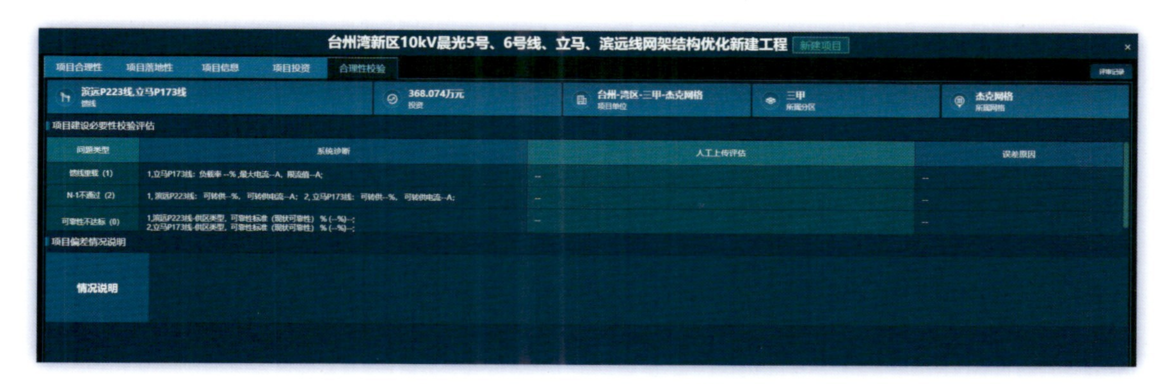

图 3-151　1 号项目合理性校验

## 3.5.2　成效评价

**功能说明：**成效评价模块包括规划阶段的工作开展评价、规划实施过程中落地准确性的评价、项目投产后相应问题解决率的评价。作用：一是把好规划入口关，把好储备优选关，以网格规划为引领，以负面清单为红线，以指标提升为要务，生成的配网规划库全部通过“配电网规划全流程平台”校核，实现配网项目可研初设一体化，排定储备项目优先等级。二是分类精准施策，把好项目计划关，以投资能力与效率效益为约束，综合研判建设进度衔接、结余资金再利用、投资统计合规性等情况，统筹投资结构与建设时序。三是统筹电网建设与新兴业务发展，保障分布式光伏并网、充电桩接入等新型电力系统建设任务。四是加强全链管控，多维分析评价，指导投资重点方向。

**功能路径：**“首页—后评价—规划网架指标提升 / 标准网格建成率”。

**操作说明：**通过穿透“规划网架指标提升”和“标准网格建成率”界面，如图 3-152 所

图 3-152　成效评价

示，单击不同电压等级、数据频度、日期等进行查询，查询选项包括综合指标、网架结构、装备水平、运行水平、智能化水平等，展示配电网规划成果，以此管控不同类型项目的建设策略。

通过表 3-3 中规划项目的实施，W 区新增 4 组标准双环网、1 组标准单环网，网架结构得到明显优化，标准网格建设率从 72.73% 提升至 90.91%，线路 N-1 校验通过率提升至 92.86%，成效指标提升明显。

安全可靠供电方面，W 区电网供电能力大幅度提升，电网指标提升明显，主要体现在以下方面。

（1）供电可靠率

项目实施后 W 区供电可靠率由 99.984% 提升至 99.994%；用户平均停电时间缩短至 0.505 h。

（2）综合电压合格率

W 区综合电压合格率提升至 99.649%。

解决薄弱问题方面，通过规划项目的实施，W 区电网供电能力大幅度提升，主要体现在以下方面。

（1）110 kV 及以下电网综合线损率

W 区 110 kV 及以下电网综合线损率由 2.78% 下降至 2.69%。

（2）高压主变规划成效

110 kV、35 kV 主变 N-1 通过率达到 100%。35 kV 变电站半停半转通过率由 60% 提升至 100%，全停全转通过率由 0% 提升至 100%。

（3）高压线路规划成效

110 kV、35 kV 线路 N-1 通过率达到 100%；110 kV 变电站半停半转通过率由 20% 提升至 80%，全停全转通过率由 0% 提升至 20%。

（4）10 kV 线路规划成效

**网架结构：**经过 2023 年建设与改造，充分利用已有线路并结合周边轻载、新建线路，优化网架结构，10 kV 线路联络化率达 100%（特殊单辐射不计算在内）；大分支数量压减一半。

**负荷水平：**线路重载率由 9.52% 下降至 3.57%，10 kV 线路 N-1 通过率由 85.12% 提升至 92.86%，预计 25 年达 100%。

（5）标准化接线结构

10 kV 线路接线结构标准化率由 85% 提升至 93.53%。供区 11 个网格建成 10 个标准网格。

配电自动化方面，新一代智能开关覆盖率由 0 提升至 19.23%，配电自动化标准覆盖率由 44.87% 提升至 70.94%，大幅提升自动化水平。规划成果指标展示界面如图 3-153 所示。

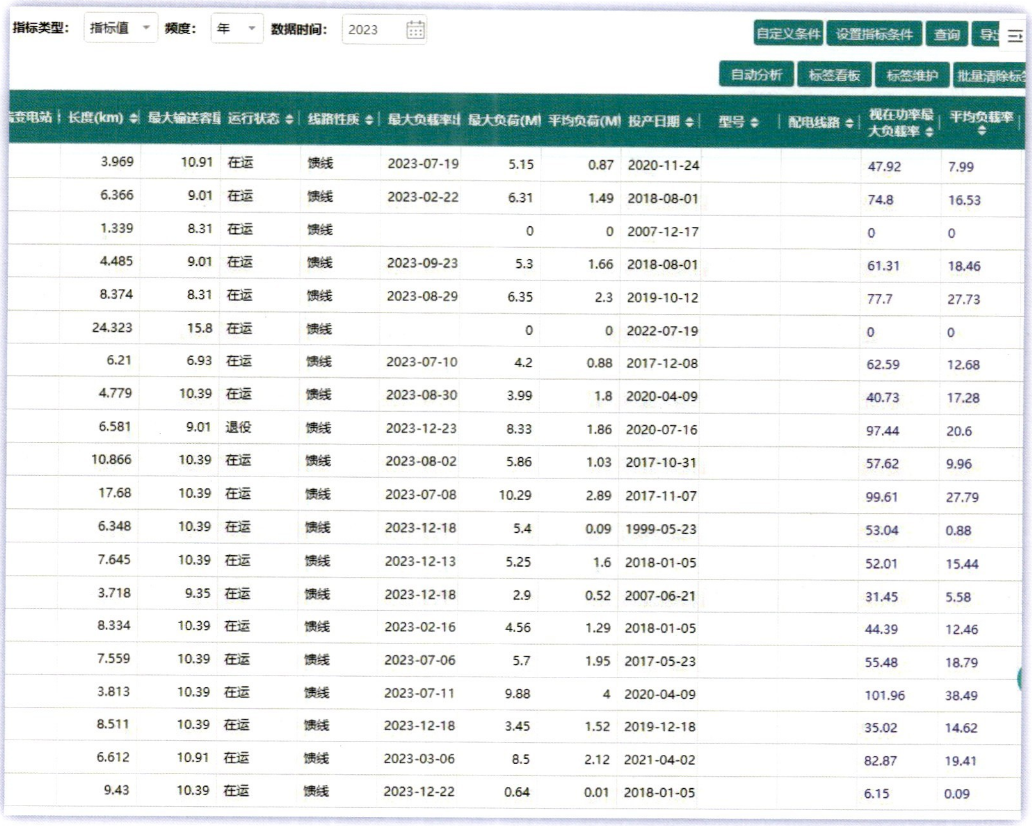

指标类型：指标值 频度：年 数据时间：2023 自定义条件 设置指标条件 查询 导出
自动分析 标签看板 标签维护 批量清除标签

| 变电站 | 长度(km) | 最大输送容量 | 运行状态 | 线路性质 | 最大负载率出 | 最大负荷(M | 平均负荷(M | 投产日期 | 型号 | 配电线路 | 视在功率最大负载率 | 平均负载率 |
|---|---|---|---|---|---|---|---|---|---|---|---|---|
| | 3.969 | 10.91 | 在运 | 馈线 | 2023-07-19 | 5.15 | 0.87 | 2020-11-24 | | | 47.92 | 7.99 |
| | 6.366 | 9.01 | 在运 | 馈线 | 2023-02-22 | 6.31 | 1.49 | 2018-08-01 | | | 74.8 | 16.53 |
| | 1.339 | 8.31 | 在运 | 馈线 | | 0 | 0 | 2007-12-17 | | | 0 | 0 |
| | 4.485 | 9.01 | 在运 | 馈线 | 2023-09-23 | 5.3 | 1.66 | 2018-08-01 | | | 61.31 | 18.46 |
| | 8.374 | 8.31 | 在运 | 馈线 | 2023-08-29 | 6.35 | 2.3 | 2019-10-12 | | | 77.7 | 27.73 |
| | 24.323 | 15.8 | 在运 | 馈线 | | 0 | 0 | 2022-07-19 | | | 0 | 0 |
| | 6.21 | 6.93 | 在运 | 馈线 | 2023-07-10 | 4.2 | 0.88 | 2017-12-08 | | | 62.59 | 12.68 |
| | 4.779 | 10.39 | 在运 | 馈线 | 2023-08-30 | 3.99 | 1.8 | 2020-04-09 | | | 40.73 | 17.28 |
| | 6.581 | 9.01 | 退役 | 馈线 | 2023-12-23 | 8.33 | 1.86 | 2020-07-16 | | | 97.44 | 20.6 |
| | 10.866 | 10.39 | 在运 | 馈线 | 2023-08-02 | 5.86 | 1.03 | 2017-10-31 | | | 57.62 | 9.96 |
| | 17.68 | 10.39 | 在运 | 馈线 | 2023-07-08 | 10.29 | 2.89 | 2017-11-07 | | | 99.61 | 27.79 |
| | 6.348 | 10.39 | 在运 | 馈线 | 2023-12-18 | 5.4 | 0.09 | 1999-05-23 | | | 53.04 | 0.88 |
| | 7.645 | 10.39 | 在运 | 馈线 | 2023-12-13 | 5.25 | 1.6 | 2018-01-05 | | | 52.01 | 15.44 |
| | 3.718 | 9.35 | 在运 | 馈线 | 2023-12-18 | 2.9 | 0.52 | 2007-06-21 | | | 31.45 | 5.58 |
| | 8.334 | 10.39 | 在运 | 馈线 | 2023-02-16 | 4.56 | 1.29 | 2018-01-05 | | | 44.39 | 12.46 |
| | 7.559 | 10.39 | 在运 | 馈线 | 2023-07-06 | 5.7 | 1.95 | 2017-05-23 | | | 55.48 | 18.79 |
| | 3.813 | 10.39 | 在运 | 馈线 | 2023-07-11 | 9.88 | 4 | 2020-04-09 | | | 101.96 | 38.49 |
| | 8.511 | 10.39 | 在运 | 馈线 | 2023-12-18 | 3.45 | 1.52 | 2019-12-18 | | | 35.02 | 14.62 |
| | 6.612 | 10.91 | 在运 | 馈线 | 2023-03-06 | 8.5 | 2.12 | 2021-04-02 | | | 82.87 | 19.41 |
| | 9.43 | 10.39 | 在运 | 馈线 | 2023-12-22 | 0.64 | 0.01 | 2018-01-05 | | | 6.15 | 0.09 |

图 3-153　规划成果指标展示界面

总体来看，现有 21 项电网负面清单在生成的 15 项规划项目实施后解决了 16 项，逐步解决无效联络、单辐射、分段数不足、N-1 不通过、站内环网、用户挂接无序等问题，有效提升了 W 区供电可靠性、标准网架结构和分布式电源接入能力，满足业扩需求和存量线路自动化改造，拉动售电量增长率，为当地经济高速增长提供坚强保障，为构建低碳、高效、互联、智能的新型电力系统提供指导意义。

### 3.5.3　规划落地率

**功能说明：**规划落地率考核的项目范围为本年投产项目，如图 3-154 所示，采用“年度评价、月度监测”的工作模式对各电压等级、项目类别、期别的中压电网项目进行图数全方位展示，从项目的规划总投资、变电容量、线路长度、项目方案 4 个方面对规划到投产的偏差进行精细化管控。

**功能路径：**“首页 — 成效评价 — 规划落地率”。

**操作说明：**各单位可以通过穿透“规划落地率”，单击“可研 — 投产规范性监测”，进入可研阶段与投产阶段项目的偏差分析界面。选择容量规模一致率、线路规模一致率、投资规模一致率、项目方案一致率进行分项查看，通过勾选“是”异常项目来进行针对性整改，如图

3-155—图 3-158 所示。

**校核的公式：**（规划 — 投产）/ 规划≤ 30% 为合理。

图 3-154　成效评价—规划落地率

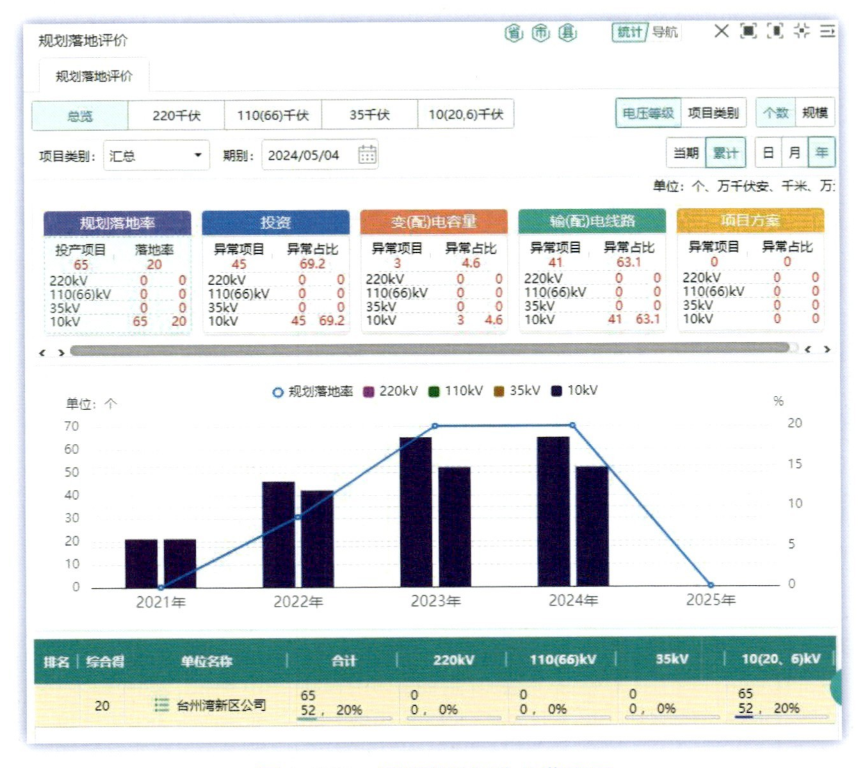


图 3-155　规划落地评价总览界面

| 电压等级 | 项目类别 | 规划总投资 | 投产纳统投资 | 投资偏差率 | 投资是否异常 |
|---|---|---|---|---|---|
| 交流10kV | 网架项目 | 307.36 | 452.00 | 47.06% | 是 |
| 交流10kV | 一般改造 | 67.00 | 100.00 | 49.25% | 是 |
| 交流10kV | 一般改造 | 111.22 | 166.00 | 49.25% | 是 |
| 交流10kV | 一般改造 | 184.92 | 276.00 | 49.25% | 是 |
| 交流10kV | 网架项目 | 167.50 | 250.00 | 49.25% | 是 |
| 交流10kV | 网架项目 | 306.19 | 440.00 | 43.70% | 是 |
| 交流10kV | 网架项目 | 293.46 | 438.00 | 49.25% | 是 |
| 交流10kV | 网架项目 | 330.48 | 486.00 | 47.06% | 是 |
| 交流10kV | 网架项目 | 148.00 | 144.11 | 2.63% | 否 |
| 交流10kV | 用户接入 | 185.34 | 202.00 | 8.99% | 否 |
| 交流10kV | 网架项目 | 147.40 | 220.00 | 49.25% | 是 |
| 交流10kV | 网架项目 | 536.67 | 801.00 | 49.25% | 是 |
| 交流10kV | 网架项目 | 180.90 | 270.00 | 49.25% | 是 |
| 交流10kV | 网架项目 | 445.55 | 665.00 | 49.25% | 是 |
| 交流10kV | 网架项目 | 161.16 | 221.28 | 37.31% | 是 |
| 交流10kV | 一般改造 | 195.00 | 195.00 | 0.00% | 否 |

图 3-156　规划落地评价项目明细界面 - 投资

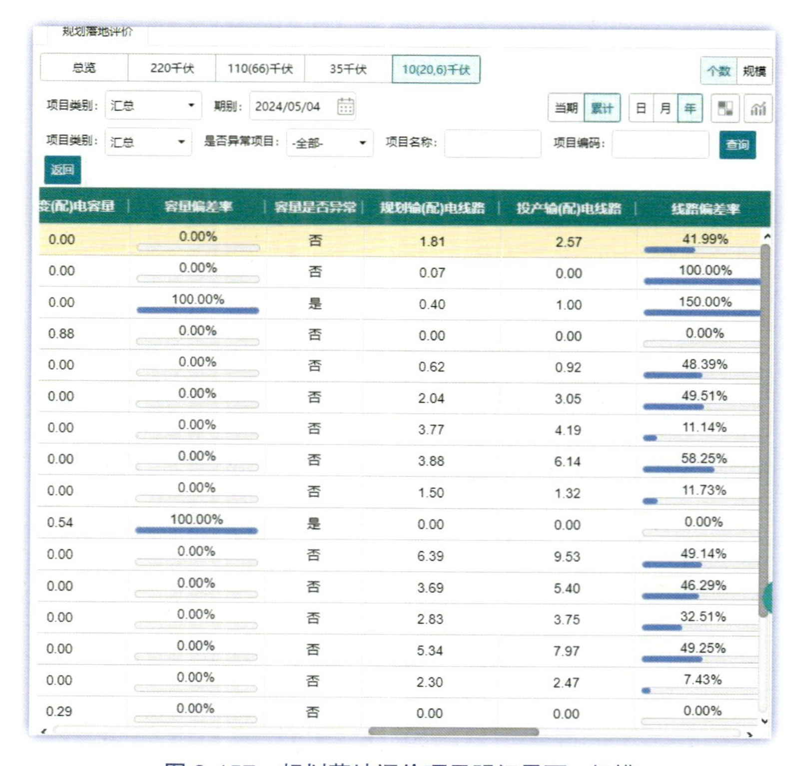


| 变(配)电容量 | 容量偏差率 | 容量是否异常 | 规划输(配)电线路 | 投产输(配)电线路 | 线路偏差率 |
|---|---|---|---|---|---|
| 0.00 | 0.00% | 否 | 1.81 | 2.57 | 41.99% |
| 0.00 | 0.00% | 否 | 0.07 | 0.00 | 100.00% |
| 0.00 | 100.00% | 是 | 0.40 | 1.00 | 150.00% |
| 0.88 | 0.00% | 否 | 0.00 | 0.00 | 0.00% |
| 0.00 | 0.00% | 否 | 0.62 | 0.92 | 48.39% |
| 0.00 | 0.00% | 否 | 2.04 | 3.05 | 49.51% |
| 0.00 | 0.00% | 否 | 3.77 | 4.19 | 11.14% |
| 0.00 | 0.00% | 否 | 3.88 | 6.14 | 58.25% |
| 0.00 | 0.00% | 否 | 1.50 | 1.32 | 11.73% |
| 0.54 | 100.00% | 是 | 0.00 | 0.00 | 0.00% |
| 0.00 | 0.00% | 否 | 6.39 | 9.53 | 49.14% |
| 0.00 | 0.00% | 否 | 3.69 | 5.40 | 46.29% |
| 0.00 | 0.00% | 否 | 2.83 | 3.75 | 32.51% |
| 0.00 | 0.00% | 否 | 5.34 | 7.97 | 49.25% |
| 0.00 | 0.00% | 否 | 2.30 | 2.47 | 7.43% |
| 0.29 | 0.00% | 否 | 0.00 | 0.00 | 0.00% |

图 3-157　规划落地评价项目明细界面 - 规模

图 3-158　规划落地评价 - 项目方案地理接线图

规划作业的工程量可在图上显示且定位，通过对同一项目的规划、投产方案的路径、坐标拟合来研判实际落地效果，精益化保障规划项目投资管控和成效管理。

# 4 典型案例应用

## 4.1 典型园区新能源规划案例

### 4.1.1 工作背景

某金属再生园区位于某市平原东部，地处某省“十二五”期间重点建设的 14 个产业集聚区之一的循环经济产业集聚区内，是市委“主攻沿海、创新转型”战略的主平台，如图 4-1 所示。2015 年，园区被确定为国家级“城市矿产”示范基地，同时被商务部、省政府列为区域性大型再生资源回收利用示范基地、省现代产业集群转型升级示范区。

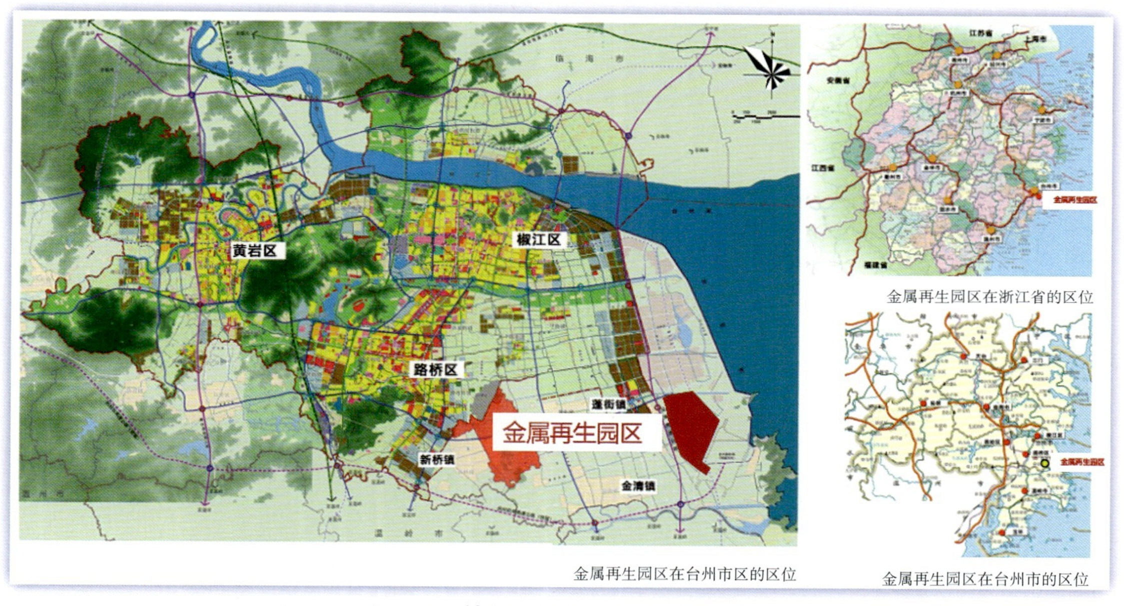

金属再生园区在台州市区的区位　金属再生园区在浙江省的区位　金属再生园区在台州市的区位

图 4-1　某金属再生园区区位示意图

金属再生产业基地在中国同类基地中规模最大，是国家级“城市矿产”示范基地。金属再生产业主要为周边企业提供低成本的金属原材料，也是主导产业。2016—2018 年，基地分别实现规上工业总产值 87.33 亿元、127.81 亿元、127.67 亿元，占全区规上工业总产值的 17.5%、23.07%、18.95%。2019 年，碰到国家政策调整，基地实现产值 81.93 亿元，占全区规上工业总产值的 13.97%，还是有很大的生命力、很强的市场需求。

根据相关要求，未来金属再生园区进行产业结构调整和优化升级，产业结构将由现状以金属拆解业为主，调整为以金属拆解、熔铸、高端装备制造为主导产业，重点发展汽车及零配件、高端装备制造业和新材料、新能源等战略性新兴产业，大力推进清洁生产，努力打造成效益最佳“城市矿产”、国家级循环经济示范区、现代产业集群的示范区、现代工业园区的样板区。

## 4.1.2 主要做法

配电网规划全流程平台为经开区南部片区的配网规划提供了从项目生成，到建设，再到成效分析的全流程支持。主要做法体现在：

①数据采集分析与电网问题诊断：平台自动采集经开区南部片区负荷侧、电网侧数据，通过采集所得数据进行现状问题诊断与分析；通过配网概况模块可以读取金属园区电网规模及部分关键指标，如变电站座数、主变容量、容载比、负荷情况、线路情况等内容；配网概况模块可分析目前金属园区电网存在的问题统计情况，包括但不限于辐射线路数、非标接线数、重载线路数、N-1 不通过、大分支等问题统计情况。

②网架自动生成与项目筛选流转：基于金属园区负荷情况和电网现状，由规划网架模块自动规划生成目标网架和过渡网架方案，并在项目库模块进行方案成效评估、项目筛选流转、生成投资计划建议。

③项目过程管控：根据平台生成的项目规划和建议，2023 年已安排 1 个 110 kV 输变电工程和 2 个相关的 20 kV 配网项目，通过过程管理模块“四率合一”管控等功能，在线监测项目进展等各环节完成度。

④后评价：利用后评价模块，查看金属园区规划方案的实施情况，实际投资完成情况、过程中存在的不足等内容，形成闭环管理，更好地助力电网规划建设工作。

### 1）应用规划全流程系统完成电网数据采集

从配网概况 - 电网规模模块得到金属园区的电网概况：截至 2023 年底，金属园区由 110 kV ZL 变（2 × 50 MV · A）、110 kV CL 变（2 × 50 MV · A）供电，园区年供电量约为 9 000 万 kW · h 时。从配网概况 - 平台地理接线图模块可以直观看到 ZL 变电站和 CL 变电站的联络情况，如图 4-2 所示。

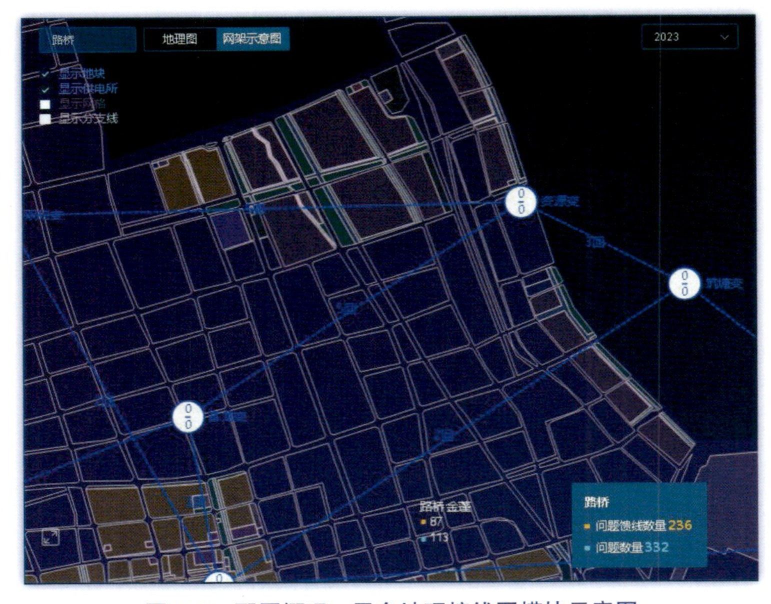


图 4-2　配网概况 - 平台地理接线图模块示意图

现状共有 10 kV 配电线路 22 回，其中专线 2 回，公线 20 回，公用线路以单联络或单环网接线为主。金属再生园区现状 10 kV 线路明细见表 4-1。

表 4-1 金属再生园区现状 10 kV 线路明细表

| 序号 | 线路名称 | 性质 | 线路长度 /km | 配变容量 /（kV·A） | 光伏接入容量 /MWp | 接线模式 | 2023 年最大负荷 /MW |
| --- | --- | --- | --- | --- | --- | --- | --- |
| 1 | 海景 Q471 线 | 公线 | 5.32 | 16 960 | 9.15 | 单环网 | 9.710 8 |
| 2 | 三涂 Q467 线 | 公线 | 6.86 | 6 070 | 11.17 | 三联络 | 7.675 1 |
| 3 | 沿海 Q480 线 | 公线 | 18.46 | 2 930 | 10.04 | 单联络 | 9.106 9 |
| 4 | 中礁 Q485 线 | 公线 | 4.93 | 8 790 | 9.14 | 单环网 | 6.360 2 |
| 5 | 东湾 Q488 线 | 公线 | 7.27 | 30 480 | 0 | 三联络 | 8.024 2 |
| 6 | 特立 Q491 线 | 公线 | 2.15 | 5 320 | 0 | 单环网 | 5.509 3 |
| 7 | 傲京 Q505 线 | 公线 | 3.11 | 5 280 | 0 | 单环网 | 7.522 |
| 8 | 维美 Q885 线 | 公线 | 3.77 | 3 590 | 0 | 三联络 | 6.922 |
| 9 | 博宏 Q882 线 | 公线 | 0.09 | 0 | 0 | 单辐射 | 8.227 |
| 10 | 荣优 Q883 线 | 公线 | 2.87 | 0 | 0 | 单辐射 | 3.284 |
| 11 | 玄光 Q511 线 | 公线 | 0.89 | 0 | 6 | 单环网 | 5.677 |
| 12 | 邦佳 Q512 线 | 公线 | 0.66 | 0 | 10.56 | 单辐射 | 0 |
| 13 | 方晨 Q490 线 | 公线 | 2.99 | 5 600 | | 单环网 | 4.636 8 |
| 14 | 海龙 Q489 线 | 公线 | 3.00 | 0 | | 单环网 | 1.617 |
| 15 | 京城 Q469 线 | 公线 | 0.70 | 0 | | 单环网 | 4.538 8 |
| 16 | 资源 Q481 线 | 公线 | 2.20 | 126 080 | | 单环网 | 3.360 3 |
| 17 | 百典 Q507 线 | 公线 | 0.32 | 0 | | 单辐射 | 3.616 |
| 18 | 福日 Q886 线 | 公线 | 0.28 | 0 | | 单辐射 | 8.494 |
| 19 | 宇智 Q510 线 | 公线 | 0.35 | 0 | | 单辐射 | 8.468 |
| 20 | 美基 Q878 线 | 公线 | 0.28 | 0 | | 单辐射 | 4.077 |
| 21 | 巨东 Q470 线 | 专线 | 1.76 | 8 900 | | 单辐射 | 8.53 |
| 22 | 齐天 Q473 线 | 专线 | 1.00 | 11 950 | | 单辐射 | 7.01 |

金属园区是极高渗透率分布式光伏接入的典型场景。园区围绕某地区城市经济社会发展路线、能源发展现状及高质量发展需求，全面承接国家电网公司能源互联网发展战略及省公司高弹性电网建设的目标，充分结合某地区实际和金属再生园区用户用能特点和分布式供能资源禀赋，以能源网架体系为基础，以信息支撑体系为特色，建设“高承载、高互动、高效能、高自

愈”的某地区金属再生园区高弹性电网示范区。其中，园区现状电网拓扑结构及光伏接入分布如图 4-3 所示。

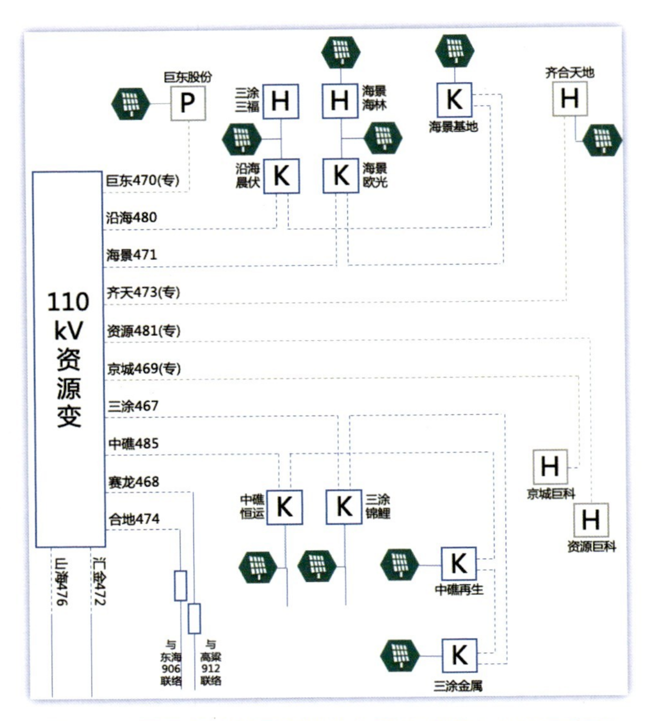


图 4-3　园区现状电网拓扑结构及光伏接入分布示意图

**2）应用规划全流程系统完成用户性质读取**

基于配电网规划全流程平台完成用户性质读取，园区范围内现有用户 108 户，区内尚有待建设用地，仍有企业不断入驻，目前最高总负荷约 55.44 MW。园区工业用户配电容量占比高达 93.4%。其中，除有色金属加工类企业呈现连续型生产特点外，其他企业均有较强的用电峰谷特性。特别是金属制造业（非连续生产型、负荷密度高、峰谷差大）用户容量占比达到一半以上。根据园区规划，未来将形成金属再生产业链，并进一步重点发展汽车及零配件、高端装备制造业和新材料、新能源等战略性新兴产业。

打造以多元融合高弹性电网为主阵地的能源互联网，有利于提高能源利用效率和企业用能智能化水平，与金属再生园区提升改造与转型升级定位相匹配。

金属再生园区大工业、普通工业细分类型用户配电容量占比情况表见表 4-2，园区现状用户构成情况如图 4-4 所示。

表 4-2　金属再生园区大工业、普通工业细分类型用户配电容量占比情况表

| 用户类型 | 容量 /（kV · A） | 占比 /% |
|---|---|---|
| 金属制造 | 68 495 | 56.6 |
| 金属拆解 | 18 200 | 15.0 |

续表

| 用户类型 | 容量 /（kV·A） | 占比 /% |
|---|---|---|
| 金属表面处理 | 15 860 | 13.1 |
| 有色金属加工 | 12 330 | 10.2 |
| 塑料制造 | 3 615 | 3.0 |
| 其他 | 2 500 | 2.1 |

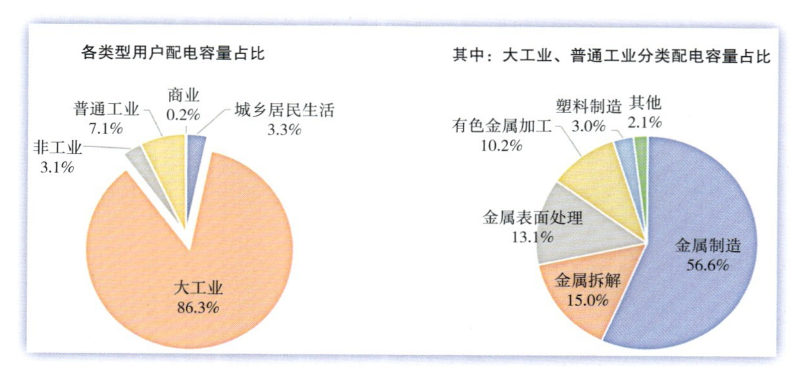


图 4-4 园区现状用户构成情况

3）应用规划全流程系统完成问题诊断

基于配电网规划全流程平台，在配网概况 — 问题诊断 — 问题概览模块中，按照问题分类生成问题诊断清单。区域电网馈线总数有 372 条，其中经诊断得到问题馈线有 189 条。从分类型来看，辐射线路 14 条，占比 3.76%；非标接线 163 条，占比 43.82%；馈线重载 6 条，占比 1.61%；N-1 不通过共 37 条，占比 9.95%；大分支 56 条，占比 15.05%；同站联络 53 条，占比 14.25%。问题概览示意图如图 4-5 所示。

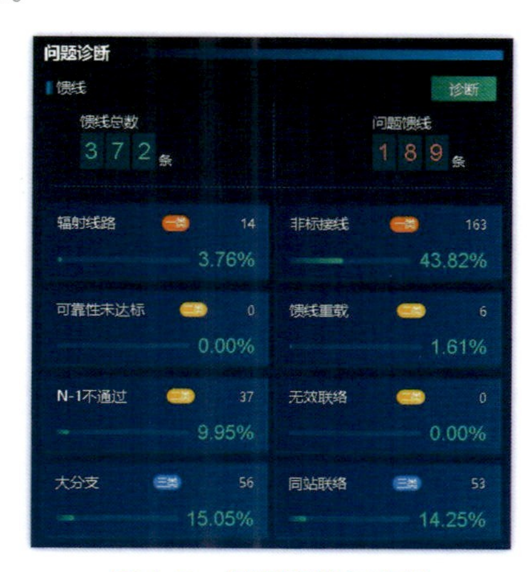


图 4-5 问题概览示意图

结合金属再生园区的经济社会、能源资源、用户以及配电网发展现状和主要矛盾，开展新型电力系统规划，具有充分的建设必要性和迫切性，主要体现在：

（1）存在高负载率与低负荷率的矛盾：主要用户类型用电时序特性峰谷差大，高负载率和低负荷率使得电网安全性和经济性有待提升

金属再生园区内聚集了某区大部分的高耗能企业，10 kV 线路高峰负荷时刻负载较重，存在线路重过载、无法满足“N-1”等问题，对供电安全性和可靠性造成一定影响；与此同时，除部分金属熔铸类企业需连续生产外，其他园区内企业现状用电峰谷差均较大，配电网资产利用率和运行经济性有待提升。

问题诊断清单生成示意图如图 4-6 所示。

问题弹窗

路桥金蓬

全部问题　馈线重载　N-1不通过　非标接线　辐射线路　可靠性未达标　无效联络　同站联络　大分支

问题数量：9 个

| 序号 | 馈线名称 | 县公司 | 供电所 | 变电站 | 线路类型 | 问题类型 | 提报时间 |
|---|---|---|---|---|---|---|---|
| 1 | 巨东Q470线 | 路桥 | 路桥金蓬 | 资源变 | 电缆 | N-1不通过 | 2023-10-17 |
| 2 | 齐天Q473线 | 路桥 | 路桥金蓬 | 资源变 | 电缆 | N-1不通过 | 2023-10-17 |
| 3 | 沿海Q480线 | 路桥 | 路桥金蓬 | 资源变 | 电缆 | N-1不通过 | 2023-10-17 |
| 4 | 海景Q471线 | 路桥 | 路桥金蓬 | 资源变 | 电缆 | N-1不通过 | 2023-10-17 |
| 5 | 邦佳Q512线 | 路桥 | 路桥金蓬 | 筑塘变 | 架空线 | N-1不通过 | 2023-10-17 |
| 6 | 暖阳Q729线 | 路桥 | 路桥金蓬 | 沧前变 | 电缆 | N-1不通过 | 2023-10-17 |
| 7 | 吉奥Q864线 | 路桥 | 路桥金蓬 | 峰江变 | 架空线 | N-1不通过 | 2023-10-17 |
| 8 | 博宏Q882线 | 路桥 | 路桥金蓬 | 筑塘变 | 电缆 | N-1不通过 | 2023-10-17 |
| 9 | 荣优Q883线 | 路桥 | 路桥金蓬 | 筑塘变 | 电缆 | N-1不通过 | 2023-10-17 |

图 4-6　问题诊断清单生成示意图

对比分析区域内有光伏接入线路和无光伏接入线路的负载率和负荷率，发现高渗透区域线路的两项指标明显高于无光伏接入线路，如图 4-7 所示。

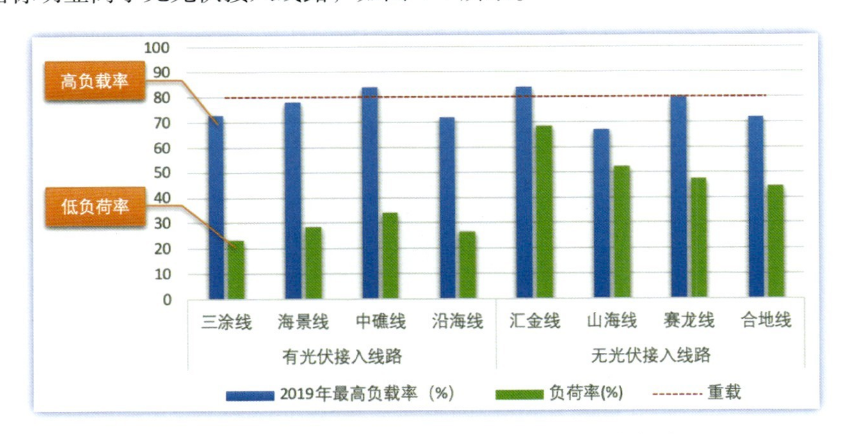


图 4-7　现状园区 10 kV 公用线路负载率和负荷率对比图

（2）存在电能上网与下供需求时序特性的矛盾：配电网正向、反向重过载同时存在，迫切需要通过配电网建设，优化能流特性

从季节特性上来看，分布式光伏主要受天气条件影响，夏季用电负荷高峰恰为雨水多发季节，季时序匹配性较差；从日用电特性来看，午间企业用电低谷负荷与光伏发电峰值出力重

叠，日时序匹配性较差。以上特性导致园区配电网正向、反向线路重过载问题同时存在，影响了配电网的安全性和经济性，如图 4-8 所示。

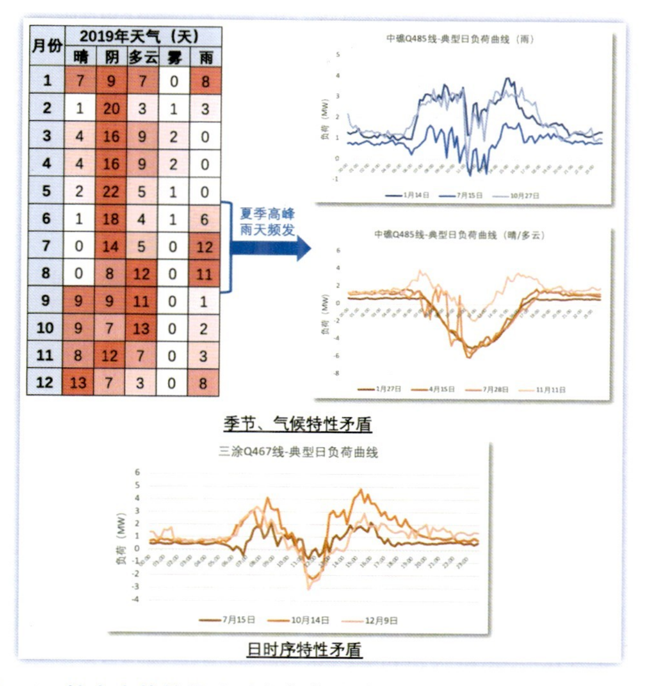

| 月份 | 2019年天气（天） | | | | |
|---|---|---|---|---|---|
| | 晴 | 阴 | 多云 | 雾 | 雨 |
| 1 | 7 | 9 | 7 | 0 | 8 |
| 2 | 1 | 20 | 3 | 1 | 3 |
| 3 | 4 | 16 | 9 | 2 | 0 |
| 4 | 4 | 16 | 9 | 2 | 0 |
| 5 | 2 | 22 | 5 | 1 | 0 |
| 6 | 1 | 18 | 4 | 1 | 6 |
| 7 | 0 | 14 | 5 | 0 | 12 |
| 8 | 0 | 8 | 12 | 0 | 11 |
| 9 | 9 | 9 | 11 | 0 | 1 |
| 10 | 9 | 7 | 13 | 0 | 2 |
| 11 | 8 | 12 | 7 | 0 | 3 |
| 12 | 13 | 7 | 3 | 0 | 8 |



图 4-8　接有光伏的线路时序负荷特性（以中礁线、三涂线为例）

（3）存在光伏资源开发与配电网消纳能力的矛盾：现状配电网消纳光伏装机能力已接近饱和状态，新增光伏接入受限

光伏就地消纳能力严重不足，倒送问题较为严重。与此同时，已开发屋顶光伏的企业用地面积仅占园区总面积一半左右，尚有大量屋顶资源具备分布式光伏开发条件。由于光伏消纳能力限制了可再生能源开发，一定程度上产生了能源浪费。

某条接有大量光伏的线路倒送情况如图 4-9 所示。

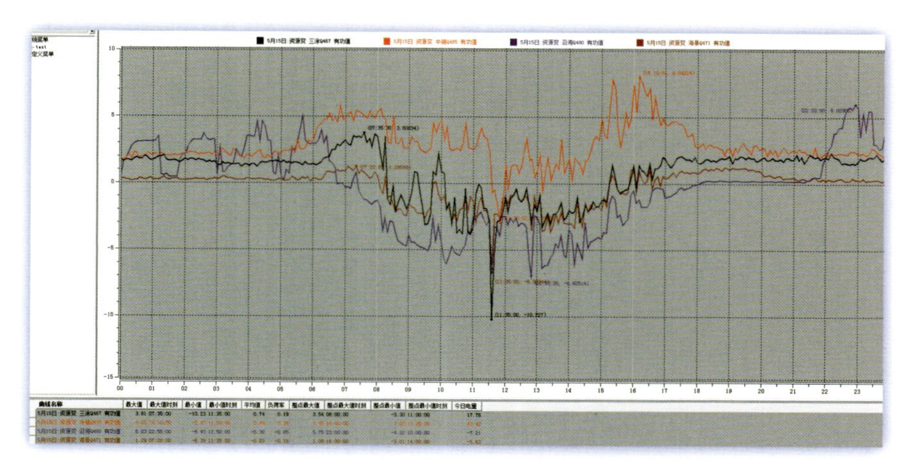

图 4-9　某条接有大量光伏的线路倒送情况

（4）存在变电站建设进度与负荷发展不匹配的矛盾：区域持续增长的负荷接入需求和变电站建设时序不匹配，供电企业承受售电损失和社会形象损失风险

由于建设用地受限，政府对工业企业采取了以亩产论英雄的激励政策，这种政策会导致该区域负荷密度高于规划预期；加之近年政府“三改一拆”等政策实施，一些小企业租用大企业的空置厂房，必然使得该区域负荷密度持续增加。与此同时，受洋垃圾进口限制影响，不少原来的负荷密度相对较低的金属拆解类企业转型意愿强烈，或对厂房分割出租，园区负荷密度和峰谷差将进一步增大。

在此情况下，随着区域最高负荷的持续增长，一方面，至远景年该区域的两座 110 kV 变电站仍有出现满载和超载的风险；另一方面，若按照传统配电网扩展建设模式，需持续增加区域电网投资，势必进一步增加电网资源的浪费。

4）应用配网规划全流程系统完成规划方案调整

（1）原规划方案

根据《某区供电公司“十四五”配电网发展规划》（2020 版）报告中涉及金属再生园区的“十四五”传统配电网规划方案，至 2025 年共计需 28 回线路（公线）为园区供电，其中需新建 18 回线路，投资 5 310.70 万元，具体项目见表 4-3。其中，涉及解决金属园区重过载问题的配网项目是《10 kV 海景 Q471 线、沿海 Q480 线与邦佳 Q512 线、腾庆 Q881 线联络工程》，项目解决海景 Q471 线重过载问题，满足金属园区业扩报装的需求，工程投资估算 260 万元。

表 4-3　园区“十四五”传统配电网规划项目表

| 项目名称 | 项目情况 |
| --- | --- |
| 某地区 10 kV 赤龙 3 线与三涂 Q467 线、赤龙 4 线与中礁 Q485 线联络工程 | 解决问题：解决三涂 Q467 线、中礁 Q485 线重载情况，优化网架结构，满足金属再生园区路巨机电、合和资源等企业业扩报装。<br>工程规模：新建 YJV22-3×300 电缆 1.7 km。<br>投资估算：本工程投资估算为 263 万元 |
| 某地区 2022 年 10 kV 邦佳 Q512 线、腾庆 Q881 线新建工程 | 解决问题：满足金属再生园区西朗港务 15 000 kV · A 业扩报装。<br>工程规模：新建 YJV22-3×300 电缆 0.7 km。<br>投资估算：本工程投资估算为 86 万元 |
| 某地区 10 kV 海景 Q471 线、沿海 Q480 线与邦佳 Q512 线、腾庆 Q881 线联络工程 | 解决问题：解决海景 Q471 线重过载问题。<br>投资估算：本工程投资估算为 260 万元 |
| 某地区 10 kV 东湾 Q488 线联络工程 | 解决问题：东湾 Q488 线重载情况，优化网架结构。<br>投资估算：本工程投资估算为 97 万元 |
| 筑塘 1 线新建工程 | 解决问题：满足之恩环保园区现状用电需求及负荷增长需求，完善网架。<br>工程规模：新建 YJV22-3×300 电缆 1.2 km。<br>投资估算：本工程投资估算为 144 万元 |

续表

| 项目名称 | 项目情况 |
|---|---|
| 筑塘 2 线新建工程 | 解决问题：可以满足金属再生园区北部用电，产业升级改造的瓶颈问题得以解决。<br>工程规模：新建 YJV22-3×300 电缆 4.4 km，柱上开关 6 台，新建 JKLYJ-240 双回架空线路折单长 1.4 km。<br>投资估算：本工程投资估算为 1 127 万元 |
| 筑塘 3 线新建工程 | 解决问题：满足之恩环保园区现状用电需求及负荷增长需求，完善网架。<br>工程规模：新建 YJV22-3×300 电缆 2 km，柱上开关 2 台，新建 JKLYJ-240 架空线路折单长 1 km。<br>投资估算：本工程投资估算为 554 万元 |
| 筑塘 4 线新建工程 | 解决问题：以满足金属再生园区南部用电，产业升级改造的瓶颈问题得以解决。<br>工程规模：新建 YJV22-3×300 电缆 2.2 km，柱上开关 2 台，新建 JKLYJ-240 双回架空线路折单长 5 km。<br>投资估算：本工程投资估算为 313 万元 |

（2）调整后规划方案

通过规划网架、项目库模块，系统一键生成经开区南部片区的目标网架，结合人工编制方案的录入和智能修改，并按年份生成过渡网架方案，自动生成规划项目库。片区属地供电公司按照供电可靠性、问题解决率、规划落地率、标准网格建成率、成熟网格建成率等指标导向对项目进行预筛选排序，并将项目流转至公司运检部，已根据实际落地可行性完成项目的二次筛选，并生成实际储备库，投资计划编排人员已按照清单完成投资计划编排工作。

项目应用配电网规划全流程平台，开展金属园区电网自动规划，得到规划项目《10 kV 火箭 Q640 线联盟甲支线等线路网架结构优化工程》。

平台的项目库 — 项目管理 — 项目生成清单 — 项目合理性模块（图 4-10），分析了项目的建设必要性：

①火箭 Q640 线投运于 2020 年，线路全长 2.28 km，有甲支线 1 条，共挂接配变 21 台（包括公变 16 台，专变 5 台），总装机容量为 6 755 kV・A。其中，火箭 Q640 线联盟甲支线有乙支线 5 条，丙支线 4 条，共涉及挂接配变 21 台，占全线配变总台数的 100%。联盟甲支线线路长而复杂，并且所有主线负荷均集中在该支线上，用户较多，负荷较大，属于大分支线路，供电可靠性低。若出现故障停电范围较大，产生的停电时户数多，对供电可靠性造成极大影响，急需改造提升。

②高升变虽然最大负载率中规中矩，但是间隔的使用上已无余量。高升变南侧有富龙变，负载率不高，间隔富裕，可转带；但是高升变北侧为金清镇中心区域，而且地处沥北变、盐场变、上塘变的中心位置，需要有空闲间隔来预防突发需求。同时，盐场变存在三联络，在有必要的情况下可通过高升变间隔新出线路来解开。本工程考虑提前切改火箭 Q640 线联盟甲支线，

方便目标网架某地区 10 kV 火箭 Q640 线与黎明 Q486 线、茯神 Q642 线合地 Q474 线联络工程的建设。

③中礁 Q485 线投运于 2014 年，线路全长 4.93 km，共挂接配变 24 台（包括公变 10 台，专变 14 台），总装机容量为 14 200 kV・A，最大负载率为 88.87%，属于重载线路，无负荷接入能力。其中，礁恒运 Q 开关站出线中和合 Q6435 线挂接用户和合环境资源有限公司，装机容量 7 650 kV・A，占全线装机容量的 54%。

④方晨 Q490 线投运于 2020 年 7 月，全线为电缆线路，线路全长 2.985 km，为空载线路无挂接负荷。

⑤金属园区网格巨东股份有限公司计划新增装机容量 4 500 kV・A，原电源点已无法满足新增负荷接入。

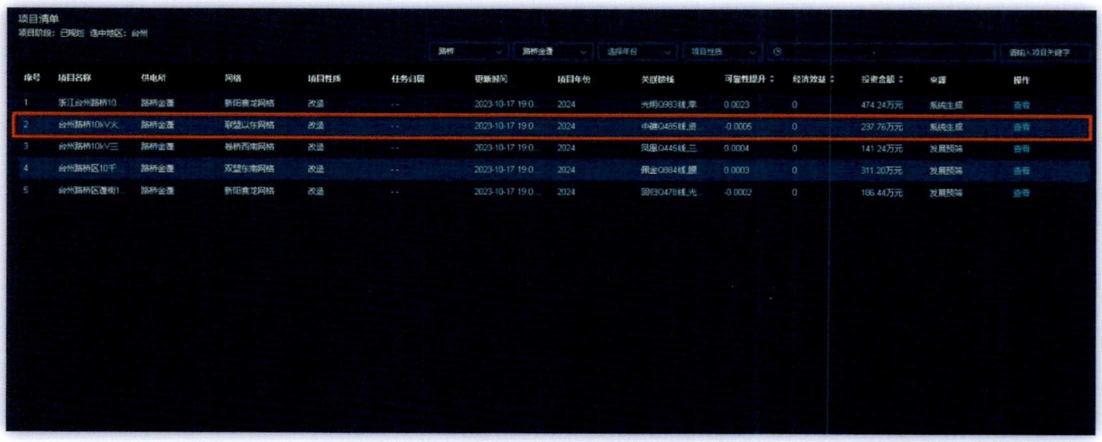

| 序号 | 项目名称 | 供电所 | 网格 | 项目性质 | 任务归属 | 更新时间 | 项目年份 | 关联馈线 | 可靠性提升 | 经济效益 | 投资金额 | 来源 | 操作 |
|---|---|---|---|---|---|---|---|---|---|---|---|---|---|
| 1 | 浙江台州路桥10... | 路桥金清 | 新阳赛龙网格 | 改造 | -- | 2023-10-17 19:0... | 2024 | 光明Q983线,幸... | 0.0023 | 0 | 474.24万元 | 系统生成 | 查看 |
| 2 | 台州路桥10kV火... | 路桥金清 | 联盟以东网格 | 改造 | -- | 2023-10-17 19:0... | 2024 | 中礁Q485线,固... | -0.0005 | 0 | 237.76万元 | 系统生成 | 查看 |
| 3 | 台州路桥10kV三... | 路桥金清 | 卷桥西南网格 | 改造 | -- | 2023-10-17 19:0... | 2024 | 凤凰Q445线,三... | 0.0004 | 0 | 141.24万元 | 发展预筛 | 查看 |
| 4 | 台州路桥区10千... | 路桥金清 | 双盟东南网格 | 改造 | -- | 2023-10-17 19:0... | 2024 | 佣金Q884线,腰... | 0.0003 | 0 | 311.20万元 | 发展预筛 | 查看 |
| 5 | 台州路桥区蓬街1... | 路桥金清 | 新阳赛龙网格 | 改造 | -- | 2023-10-17 19:0... | 2024 | 回归Q478线,光... | -0.0002 | 0 | 186.44万元 | 发展预筛 | 查看 |

图 4-10　项目合理性模块示意图一

项目库—项目管理—项目生成清单—项目合理性模块同步给出了项目的建设内容、具体规划方案及改造前后接线图：

①工程通过对火箭 Q640 线联盟甲支线合理斩接，将 1 条大分支分为 2 条小分支，使得联盟甲支线负荷改接至 10 kV 防风 Q653 线，解决了联盟甲支线大分支问题。

②通过海景大道于白金路交叉口放置环网箱，将和合 Q6435 线改接至方晨 Q490 线，来合理分配线路负荷。

③巨东股份有限公司计划新增装机容量 4 500 kV・A，原电源点已无法新增满足负荷接入，本工程由中礁恒运 Q 开关站出一路电缆新建环网箱给巨东股份有限公司供电。工程新架设单回 JKLY-10/150 架空线 0.09 km、新敷设 ZC-YJV22-8.7/15-3×300 电缆 0.48 km、新敷设 ZC-YJV22-8.7/15-3×150 电缆 0.855 km 与规划相对应。

项目库—项目管理—项目生成清单—项目投资模块（图 4-11）给出了项目的投资总额及清单，包含了人工费用、电缆、断路器等设备的个数和金额。10 kV 火箭 Q640 线联盟甲支线等线路网架结构优化工程总投资 237.76 万元。值得一提的是，项目投资由传统规划项目投资的 260 万元减少至本项目投资的 237.76 万元。

项目合理性　项目落地性　项目信息　项目投资　合理性校验

项目投资辅助估算

项目投资（人工评估）

|  |  |
| --- | --- |
| 总投资（万元） | 237.76 |
| 设备及材料购置费（万元） | 128.84 |
| 建筑工程费（万元） | 61.5 |
| 安装工程费（万元） | 21.82 |
| 其他费用（万元） | 25.61 |

设备及材料（人工评估）

| 名称 | 规格及型号 | 数量 | 单价（万元） | 合价（万元） |
| --- | --- | --- | --- | --- |
| 电力电缆 | AC10kV,YJV,300,3,22,ZC... | 484 | 0.09 | 41.21 |
| 10kV电缆终端 | 3×300,户内终端,冷缩,铜 | 4 | 0.06 | 0.23 |
| 10kV电缆终端 | 3×300,户外终端,冷缩,铜 | 2 | 0.07 | 0.14 |
| 10kV电缆中间接头 | 3×300,直通接头,冷缩,铜 | 2 | 0.15 | 0.31 |
| 电力电缆 | AC10kV,YJV,150,3,22,ZC... | 863 | 0.04 | 38 |
| 10kV电缆终端 | 3×150,户内终端,冷缩,铜 | 2 | 0.05 | 0.1 |
| 10kV电缆中间接头 | 3×150,直通接头,冷缩,铜 | 1 | 1.43 | 1.43 |
| 交流避雷器 | AC10kV,17kV,硅橡胶,45kV, | 1 | 0.05 | 0.05 |
| 交流避雷器 | AC10kV,13kV,硅橡胶,40kV, | 1 | 0.11 | 0.11 |
| 一二次融合成套柱上断路器 | AC10kV,630A,20kA,户外 | 1 | 5.5 | 5.5 |
| 环网箱 | AC10kV,2,4 | 2 | 20.62 | 41.25 |

项目投资（系统粗略估算）

|  |  |
| --- | --- |
| 总投资（万元） | -- |
| 设备及材料购置费（万元） | -- |
| 建筑工程费（万元） | -- |
| 安装工程费（万元） | -- |
| 其他费用（万元） | -- |

设备及材料（系统估算）

| 名称 | 规格及型号 | 数量 | 单价（万元） | 合价（万元） |
| --- | --- | --- | --- | --- |

暂无数据

图 4-11　项目合理性模块示意图二

本工程建成后能缩小该支线停电范围，提高供电可靠性，解决大分支。同时方便目标网架某地区 10 kV 火箭 Q640 线与黎明 Q486 线、茯神 Q642 线合地 Q474 线联络工程的建设。本工程建成后将中礁 Q485 线部分负荷改接至方晨 Q490 线，解决了中礁 Q485 线重过载问题，合理分配线路负荷，提高了电网坚强度。本工程通过中礁恒运 Q 开关站出一路电缆新建环网箱至巨东股份有限公司，解决了新用户报装问题，如图 4-12 所示。

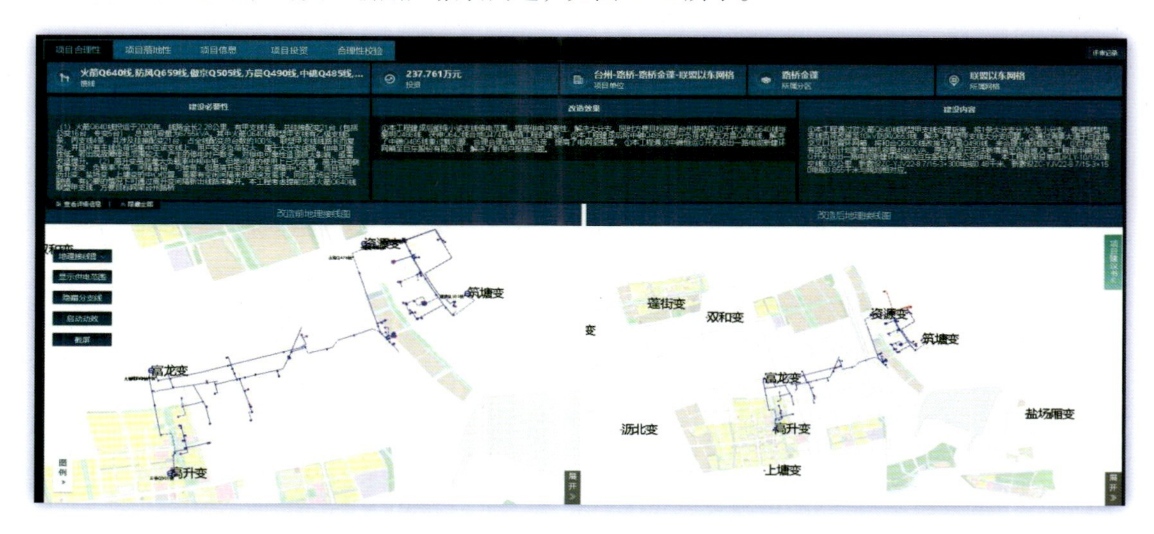


图 4-12　项目合理性模块示意图三

（3）项目过程管控

根据平台生成的项目规划和建议，2023 年计划 1 个 10 kV 配网项目，自开工以来，通过系统过程管理模块“四率合一”监测功能和物料领用监测功能，完成项目建设的基建建设进度、物料领用进度、投资完成进度、资金发生进度的多专业监测，确保项目建设过程各项数据报送的准确、规范，如图 4-13 所示。

通过多专业、全流程的电网基建项目数据接入（录入），建立跨部门、多专业项目数据钩稽关系，通过一定的逻辑规则，实现电网基建项目全流程动态展示、闭环管控和实时预警。

图 4-13　项目合理性模块示意图四

应用配电网规划全流程平台，实时掌握《10 kV 火箭 Q640 线联盟甲支线等线路网架结构优化工程》项目的投资完成率、ERP 入账率、形象进度完成率以及项目设备领用合理率等情况。项目整体进度均在项目建设合理范围之内，有效确保了项目的规范建设与数据的合规报送，降低了项目的审计风险，实现了多专业协作的电网基建项目协同管理能力提升。

### 4.1.3　应用成效

项目完工投产后，应用配电网规划全流程平台对金属园区电网开展后评价。利用后评价模块（图 4-14），可查看金属园区规划方案的实施情况、实际投资完成情况、过程中存在的不足等内容，形成闭环管理，更好地助力电网规划建设工作，电网核心指标得到显著的提升。

项目指标后评价　更多>>

| 序号 | 项目名称 | 县公司 | 项目类型 | 预投资 | 实际投资 | 开工日期 | 完工日期 |
|---|---|---|---|---|---|---|---|
| 1 | 台州路桥20... | 路桥 | 续建 | 94.00万元 | 39.00万元 | -- | -- |
| 2 | 台州路桥20... | 路桥 | 续建 | 250.00万元 | 136.50万元 | -- | -- |
| 3 | 台州路桥20... | 路桥 | 新开工 | 318.00万元 | 315.09万元 | -- | -- |
| 4 | 台州路桥20... | 路桥 | 新开工 | 989.00万元 | 1001.85万元 | -- | -- |

图 4-14　项目后评价模块示意图

同时，项目提升配电网光伏消纳能力和配网自愈自控能力，能更安全地全额就地消纳光伏发电，促进全网用能低碳化演进，支撑高渗透光伏高质量规划和建设，可推广于其他区域及其他类型大规模分布式资源接入场景的应用。

基于用户用能多维画像（用能大小、分布、时序、可调潜力）（图 4-15），结合各类灵活“沉睡”资源唤醒规划结果，重新评估原基于最大负荷电力平衡模式的配电网网架建设方案，优化调整配电网供电单元；基于配电网不同运行场景下的灵活重构需求，优化配电网网架结构，形成高弹性配电网，以充分发挥各类灵活“沉睡”资源弹性对设备能力挖潜的价值，切实提升资产效益。

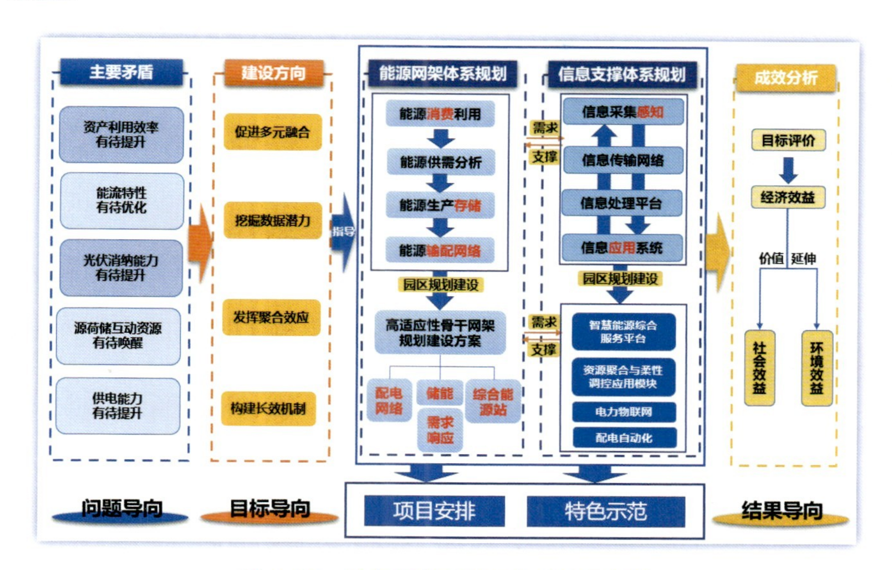

图 4-15　用户用能多维画像模块示意图

通过源网荷储智慧互动，唤醒和聚合海量需求侧资源，改善电网辅助服务能力，改变电网运行机制，优化配电网网架，发挥电网能源调控枢纽和能源服务平台作用，推动能源由精细开发向精细使用转变，实现电力发展由满足负荷平衡的刚性投资向提升电网辅助服务水平、满足电量增长的柔性投资转变，通过高弹性电网建设，提升电网企业与社会综合能效。

①在弹性指数方面，近期以园区智慧能源综合管控微应用建设为基础，实现园区现有 1.13 万 kV · A 潜在需求侧响应容量有效接入，后续随着系统功能不断完善，覆盖区域不断扩大，灵活性资源数量随之增加；通过机制驱动、政策保障，力争实现互动资源响应度达 60% 以上。通过可中断负荷与可调节负荷规模的进一步拓展，2025 年预计提升灵活互动资源占比至 15.63%。

②在能效指数方面，配合金属再生园区产业转型升级和先进制造业发展，借助用户侧灵活性资源“即插即用”互动交易效率提升，以及基于金属再生园区智慧能源综合服务平台和用户侧资源聚合与柔性调控模块开发，提升园区源网荷储互动交易规模，预计 2025 年源网荷储资源互动交易规模占比达到 7%。

③在互联指数方面，通过国内首台灵活性资源“即插即用”虚拟电厂控制器的研发，实现源荷储各类型灵活性资源的统一接口，不同类型分布式设备“即插即用”，设备与电网之间能量流和信息流的双向流通，灵活性资源调控实时、智能、就地决策。通过装置部署应用，预期 2025 年满足即插即用需求容量 70% 以上，远期实现即插即用容量需求全额满足。

## 4.2 典型区域 20 kV 规划案例

### 4.2.1 工作背景

#### 1）经开区概况

某地区经济技术开发区（以下简称“经开区”）地处某省中部沿海，某湾北岸，2017 年经某省政府批复设立；2021 年升级为国家级经济技术开发区，同年 12 月，国务院批复在某地经开区内设立某地区综合保税区，该区域正式成为某地区唯一一个“双国字号”的经济技术开发区。经开区坚持港产城湾一体化发展，着力打造“海上丝路新门户、数字智造新高地、临港新城大花园”，构建“双循环”相互促进的新发展格局，积极培育医药、汽车两大千亿级产业，充分发挥“深水良港 + 广阔腹地”两大战略性资源优势，经济社会持续健康发展。

#### 2）南部片区现状

经开区具体包括北部片区、南部片区等 4 个片区，规划总面积约 90 $km^2$。其中，南部片区总面积 16.5 $km^2$，主要布局原料药及生物药产业区，建立可供交易的化学药、生物药产业成果池。南部片区某医化园区作为经开区最早也是开发最成熟的区域，其用电负荷连创新高，部分医化企业自 2023 年以来的报装容量成倍增长，如某药业、某科技企业报装容量均在 3 万 kV · A 以上。区域内用户的用电需求与电网供电能力的矛盾逐渐显现，急需通过加快变电站建设，解决用户接入受限、影响用户生产等问题。

### 4.2.2 主要做法

配电网规划全流程平台为经开区南部片区的配网规划提供了从项目生成，到建设，再到成效分析的全流程支持。主要做法体现在：

①数据采集分析与电网问题诊断：平台自动采集经开区南部片区负荷侧、电网侧数据，通过采集所得数据进行现状问题诊断与分析；通过配网概况模块可以读取经开区南部片区电网规模及部分关键指标，如变电站座数、主变容量、容载比、负荷情况、线路情况等内容；同时，配网概况模块可分析目前南部片区电网存在的问题统计情况，包括但不限于辐射线路数、非标接线数、重载线路数、N-1 不通过、大分支等问题统计情况。

②网架自动生成与项目筛选流转：基于南部片区负荷情况和电网现状，由规划网架模块自动规划生成目标网架和过渡网架方案，并在项目库模块进行方案成效评估、项目筛选流转、生成投资计划建议。

③项目过程管控：根据平台生成的项目规划和建议，2023 年已安排一个 110 kV 输变电工程和 2 个相关的 20 kV 配网项目，通过过程管理模块“四率合一”管控等功能，在线监测项目进展等各环节完成度。

④后评价：利用后评价模块，查看南部片区规划方案的实施情况、实际投资完成情况、过

程中存在的不足等内容，形成闭环管理，更好地助力电网规划建设工作。

下文根据以上流程各环节详细展开说明。

### 1）数据采集分析与电网问题诊断

#### (1) 负荷电量情况

2023 年，经开区南部片区总供电面积约为 10.5 km²，最大负荷约为 238.42 MW，负荷密度约为 22.67 MW/km²，2023 年全社会用电量为 14.71 亿 kW·h。

#### (2) 电网规模情况

由配网概况 — 电网规模模块可知（图 4-16），截至 2023 年底，经开区南部片区主供电源为 110 kV 变电所 2 座，分别为 A 变及 B 变，变电总容量 320 MV·A，容载比 1.34。上级电源来自 220 kV 的 D 变和 E 变。经开区南部片区内共有 20 kV 线路 40 条，其中电缆线路总长 92.59 km，架空线路总长 117.71 km，线路总长 210.83 km，一共挂接配变总容量 73.97 万 V·A，平均每条线路装接配变容量为 1.85 万 V·A，挂接容量较大。从数据上来看，经开区南部片区 20 kV 线路的数量还存在一定不足，平均装接容量已超目前常规线路载流量限额。

图 4-16　配网概况图

（3）电网现状

①供电能力。

配网概况 — 地理接线图模块展示了南部片区变电站落点及联络现状，从图 4-17 中可以看到，截至 2023 年底，经开区南部片区内共有 110 kV 变电所 2 座。

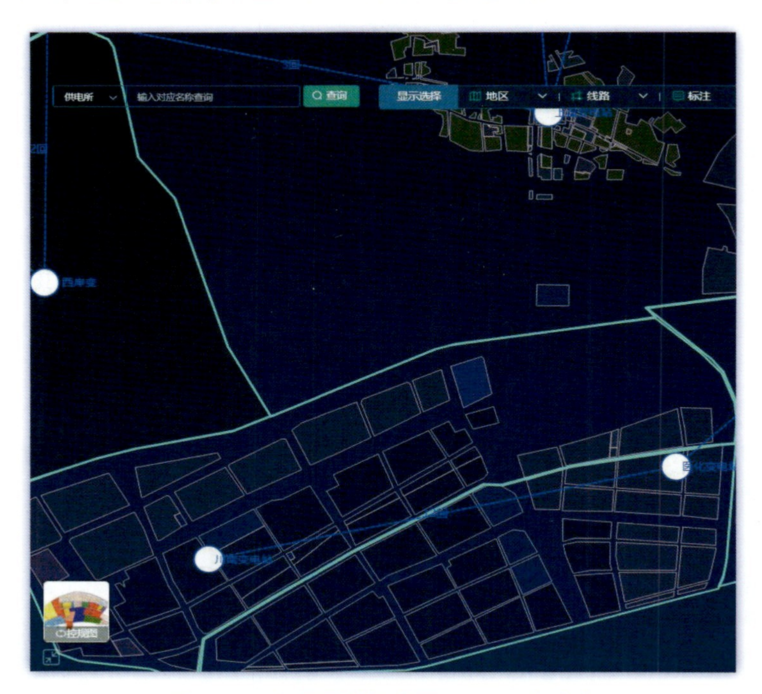


图 4-17　经开区南部片区 110 kV 变电站

**主变层面：**2023 年经开区南部片区 110 kV 容载比为 1.34，供电能力严重不足。110 kV · A 变主变容量为 2 × 80 兆 MV · A，2023 年 1# 主变最大负荷为 62.12 MW，最大负载率 79.23%，主变重载；2# 主变最大负荷为 73.25 MW，最大负载率 91.56%，主变即将超载；110 kV B 变主变容量为 2 × 80 MV · A，2023 年 1# 主变最大负荷为 63.79 MW，最大负载率 79.7%；2# 主变最大负荷为 39.49 MW，最大负载率 49.36%，目前 #2 主变因某热电倒送负荷相对较低，该热电有增容升压计划，因此 #2 主变也面临着重载风险。

20 kV 出线间隔层面：根据典设，A 变及 B 变低压侧均为 20 个间隔，目前已全部用完。20 kV 线路负载层面：以 2023 年数据为准，A 变和 B 变重载线路共 15 条，占比达 37.5%，正常运行方式下，联络开关两侧线路都在 10 MW 以上，不具备转供能力的有 13 条，其中 9 回线路超过 13 MW，不满足 N-1 的线路有 19 条，N-1 通过率仅 52.5%。

②网架结构。

从配网概况 — 平台地理接线图模块可以直观看到 A 站和 B 站的联络情况。

110 kV 电网：主供经开区南部片区的 2 座 110 kV 变电站如图 4-18 所示。上级电源为 220 kV D 变和 E 变，根据接线形式及变电站主变规模来看，经开区南部片区的 110 kV 变电站不存在单线或单变等严重主网架薄弱环节。

图 4-18　经开区南部片区 20 kV 网架图

20 kV 电网：在配网概况 — 问题诊断 — 问题概览模块中，按照问题分类生成经开区南部片区问题清单（图 4-19）。在经开区南部片区 40 条 20 kV 线路中，共有 38 条完成了线路联络，其中站间联络 28 条，站间联络率为 73.68%，需要加强站间联络，提高转供能力。经开区南部片区中压线路标准接线率为 75%，非标接线率为 25%，非标接线率占比较高，这给配网调度、负荷转供及保供电方面的工作带来了一定程度的挑战，变电站间的负荷转供可能因此存在难度。A 变和 B 变重载线路占比达 25%，其中 9 回线路超过 13 MW。

图 4-19　经开区南部片区问题线路清单

③装备水平。

由配网概况 — 装备水平模块读取数据（图 4-20）可知，经开区南部片区内高压变电站最大运行年限为 17 年，最低运行年限为 12 年，110 kV 变电站运行健康状况良好。经开区南部片区共拥有 20 kV 配变 666 台，其中专变 512 台，公变 154 台。高损配变占比为 4.92%，需要及时改造。

| 变电站名称 | 变电站编码 | 电压等级 | 投运日期 | 设备容量 |
|---|---|---|---|---|
| 聚景变电站 | 8BAB3A1E9E728 | 交流110kV | 2010-09-28 | 100 |
| 柏叶变电站 | 8BB7D8145EF9D | 交流110kV | 2015-02-03 | 100 |
| 镜都变电站 | 8BAB3A1E9E798 | 交流110kV | 2009-12-17 | 100 |
| 汇丰变 | E516B5E6B745B8 | 交流110kV | 2022-06-29 | 100 |
| 沿岑变电站 | 8BB7D8145EF4D | 交流110kV | 2018-07-15 | 100 |
| 梅园变电站 | 8BAB3A1E9E7D8 | 交流110kV | 2016-10-28 | 100 |
| 医化变电站 | 8BAB3A1E9E808 | 交流110kV | 2011-07-12 | 160 |
| 北洋变电站 | 8BB7D8145EF1D | 交流110kV | 2011-09-28 | 160 |
| 洋渡变电站 | 8BB7D8145EEDD | 交流110kV | 2018-04-26 | 100 |
| 大汾变电站 | 8BAB3A1E9E788 | 交流110kV | 1981-07-09 | 100 |
| 白云变电站 | 8BAB3A1E9E7B8 | 交流110kV | 2005-12-15 | 100 |
| 川南变电站 | 8BB7EA7D01B4E | 交流110kV | 2007-06-30 | 160 |
| 杜桥变电站 | 8BAB3A1E9E7A8 | 交流110kV | 2003-01-15 | 100 |
| 良俊变电站 | 8BB7D8145EF0D | 交流110kV | 1993-10-26 | 90 |

图 4-20　变电站投运时间

经开区南部片区无老旧线路段，运行情况良好，电缆化率为 43.8%。作为新兴产业区、东部沿海城市新区，电缆化率高是城市美观度提升、负荷发展水平高的一种体现，因此后续新增项目规划均以电缆为主。

④地区负荷特性。

从配网概况 — 行业用电模块（图 4-21）分析得出，2020—2022 年，南部片区医药化工企业用电量以 30% 的速度增长。2023 年，经开区南部片区最大负荷为 238.42 MW，同比增速 7.8%，出现在 2023 年 7 月 22 日。而最小负荷为 37.14 MW，出现在 2023 年 1 月 22 日。最小负荷出现时刻为 2023 年春节期间，受春节期间大量务工人员返乡影响，地区用电负荷急速下降，因此出现全年最小负荷。夏季负荷基本维持在 225 MW 左右，用电曲线较为稳定，整体呈现夏冬双高、春秋双低的负荷特性。

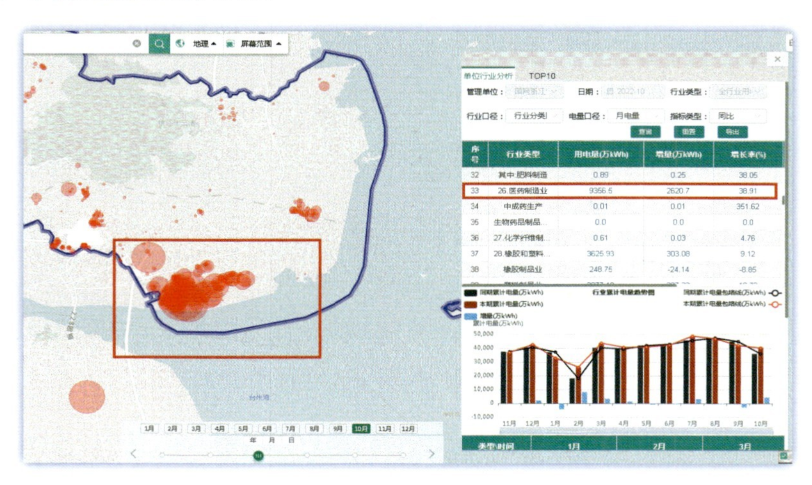


图 4-21　经开区南部片区负荷情况

⑤电网存在问题。

平台自动完成南部片区数据采集与分析工作后，在配网概况 — 问题诊断生成的问题清单，片区所属供电公司对平台显示数据、问题进行核对、修正，并结合已有规划情况，得出目前南部片区仍存在以下问题：

高压变电站供电能力严重不足：截至 2024 年 6 月，经开区南部片区内 4 台 110 kV 主变中已有两台主变重载（A 变 #1、#2、#3 主变）、两台主变即将重载（B 变 2# 主变），且南部片区负荷增长较快。110 kV A 变投运时间较早，在设计时未预留第三台主变位置，不具备扩建第三台主变的条件。B 变虽有一定富余容量，但受限于已无 20 kV 出线间隔，原有联络线路负荷转供能力有限，进而导致 A 变整体供电能力严重不足。因此，急需新增变电站，满足片区后续新增用户接入需求以及部分用户双电源需求，同时缓解已有两座变电站重载情况，解决片区供电能力不足、供电可靠性不能满足客户需求等问题。

经开区南部片区主变曲线图，如图 4-22 所示。

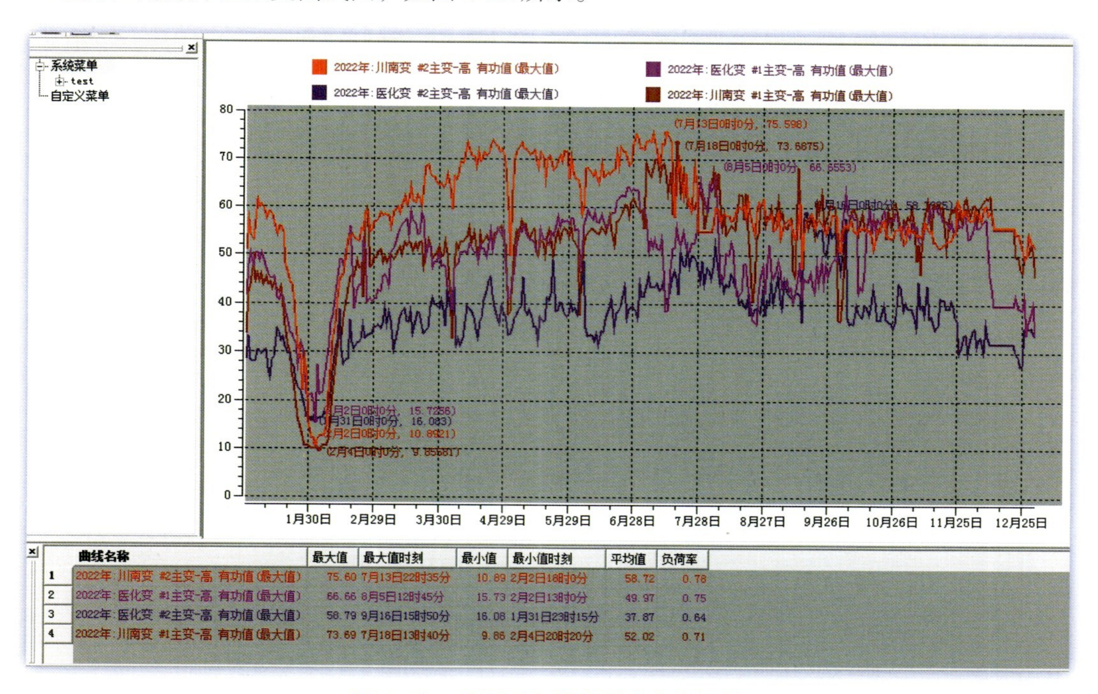


| | 曲线名称 | 最大值 | 最大值时刻 | 最小值 | 最小值时刻 | 平均值 | 负荷率 |
|---|---|---|---|---|---|---|---|
| 1 | 2022年:川南变 #2主变-高 有功值(最大值) | 75.60 | 7月13日22时35分 | 10.89 | 2月2日18时0分 | 58.72 | 0.78 |
| 2 | 2022年:医化变 #1主变-高 有功值(最大值) | 66.66 | 8月5日12时45分 | 15.73 | 2月2日13时0分 | 49.97 | 0.75 |
| 3 | 2022年:医化变 #2主变-高 有功值(最大值) | 58.79 | 9月16日15时50分 | 16.08 | 1月31日23时15分 | 37.87 | 0.64 |
| 4 | 2022年:川南变 #1主变-高 有功值(最大值) | 73.69 | 7月18日13时40分 | 9.86 | 2月4日20时20分 | 52.02 | 0.71 |

图 4-22 经开区南部片区主变曲线图

**中压电网网架结构有待提升：**南部片区用户分布十分密集且主要为医药化工企业，供电可靠性要求较高。目前，区域内主干道路均已架设 20 kV 线路，但受限于 20 kV 低压侧单台主变出线间隔仅有 10 回，且 A 变与 B 变间隔已全部用完，故供区内仍存在部分辐射及非标准接线线路。另外，园区内多为报装容量超 5 000 kV · A 的大用户，难以通过负荷割接解决线路重载问题，现有的 20 kV 联络线多不能通过 N-1 校验，急需新增变电站布点完善供区内网架结构，提高供电可靠性。

**用户新增业扩需求十分迫切：**2023 年以来，随着经开区南部片区的产业升级、产城融合快速发展，南部片区用电负荷再次迎来规模化增长。预计至 2023 年底，南部片区新增用户报装容量为 6.84 万 kV·A，其中 A 变供区新增报装容量 5.67 万 kV·A，B 变供区新增报装容量 1.17 万 kV·A，届时 A 变负载率将超 100%。预计至 2025 年，南部片区新增用户报装容量为 16.8 万 kV·A（含 2023 年底新增），均为医药化工及新材料加工负荷，其中 A 变供区新增报装容量 11.88 万 kV·A，B 变供区新增报装容量 4.945 万 kV·A，总计新增用电负荷将达 13 万 kW。区域内用户主要为医药化工企业，这类企业不仅单点报装容量大且多数需要双电源供电，可靠性要求较高，这与医化园区变电容量不足、20 kV 线路重载形成鲜明矛盾。

2）网架自动生成与项目筛选流转

通过规划网架、项目库模块，系统一键生成经开区南部片区的目标网架，结合人工编制方案的录入和智能修改，并按年份生成过渡网架方案，自动生成规划项目库。片区属地供电公司按照供电可靠性、问题解决率、规划落地率、标准网格建成率、成熟网格建成率等指标导向对项目进行预筛选排序，并将项目流转至公司运检部，已根据实际落地可行性完成项目的二次筛选，并生成实际储备库，投资计划编排人员已按照清单完成投资计划编排工作，2023 年经开区南部片区已计划安排了 1 个 110 kV 输变电工程和 2 个 20 kV 配网工程。

（1）110 kV 项目规划情况

从规划网架 - 电网规模模块（图 4-23）可以看出，“十四五”期间，经开区南部片区共规划了 1 个 110 kV 输变电工程即 110 kV 输变电工程，投运一座 110 kV 变电站 C 变。从规划网架 - 地理图（图 4-24）可以看出，110 kV C 变位于南洋六路及东海第六大道交叉口，即南部区块负荷增长核心区，已在 2023 年开工建设，预计于 2024 年 6 月中旬投运，为南部片区的负荷发展提供安全可靠的电力保障。

图 4-23　电网规模规划

图 4-24　新规划变电站地理接线图

（2）20 kV 规划情况

由于南洋区块目前引进的都是大型企业，考虑安全性及供电能力，结合政府要求，110 kV C 变的 20 kV 送出线路全部采用电缆敷设，电缆沟基础全部由政府出资建设，电缆沟基础现已根据区域路网规划完成了调整。从项目库—项目管理—项目生成清单（图 4-25）中可以看到，平台根据经开区南部片区电网现状、负荷需求以及地理环境特征，结合投资预算，自动规划生成 5 个 20 kV 配网方案，总投资估算在 4 080 万元，其中 2023 年已结合主网进度安排实施 2 个一期配网项目，分别为 110 kV C 变 20 kV 南洋围垦双开口环入新建工程和 110 kV C 变 20 kV 医邦医翔线双开口环入新建工程，总投资为 1 859.9 万元。

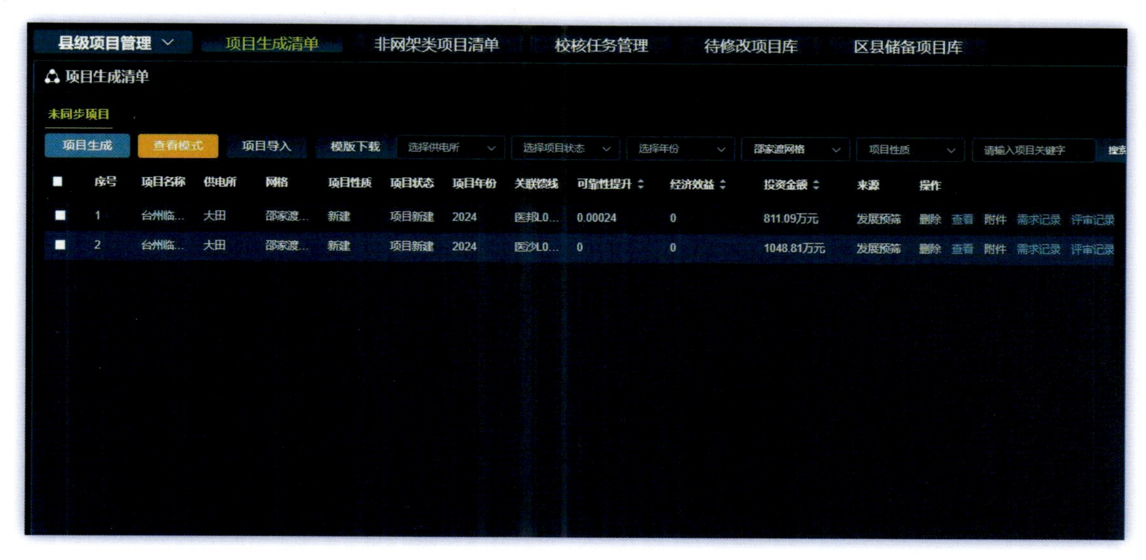


图 4-25　经开区南部片区 2023 年项目清单

工程 1：110 kV C 变 20 kV 南洋围垦双开口环入新建工程

从平台的项目库—项目管理—项目生成清单—项目合理性模块，分析了项目的建设必要性：本项目位于某供区，某网格。本工程涉及的 20 kV 线路为川台 L506 线、川湾 L513 线和围垦 L008 线、南洋 L017 线；川围 L523 线、川垦 L052 线和医沙 L015 线、医白 L006 线。

20 kV 南洋、围垦双回路线主线架空选用 JKLYJ-240 导线，电缆选用 YJLV22-18/20-3×500 电缆，目前双回路线路挂接配变 49 台，合计 63 315 kV·A。南洋线负载率为 85.42%，最大负荷 16.53 MW；围垦线负载率为 64.02%，最大负荷 18.12 MW；20 kV 川台线、川湾线主线电缆选用 YJV22-18/20-3×300 电缆；目前双回路线路负载率为 0%。20 kV 川围、川垦双回路线主线电缆选用 YJV22-18/20-3×300 电缆，目前线路挂接配变 18 台，合计 34 425 kV·A。川围线负载率为 19.04%，川垦线负载率为 56.15%。20 kV 医沙、医白双回路线主线电缆选用 YJV22-18/20-3×300 电缆，目前线路挂接配变 0 台，合计 0 kV·A。医白 L015 线接线模式为单辐射线路，投运于 2010 年，线路供电半径 1.129 km，导线型号为 JKLYJ-240，线路分段 1 段，2022 年典型日负荷 0.14 MW，最大负载 0.87%。医沙 L006 线接线模式为单辐射线路，投运于 2010 年，线路供电半径 1.133 km，导线型号为 JKLYJ-240，线路分段 1 段，2022 年典型日负荷 0 MW，最大负载率为 0%。从系统分析必要性看，本工程涉及辐射线路 2 条，重载线路 2 条，同时 20 kV 南洋、围垦双回路线存在很多铝芯电缆，由于铝芯电缆在压接过程中会导致电缆线芯扭曲，压接过程会留有间隙，在长期重载运行中发热导致电缆终端头烧坏，实际运行中已出现多次故障，因此本项目旨在满足用户接入，解决线路重载、高故障率以及优化网架结构。

项目库 — 项目管理 — 项目生成清单 — 项目合理性模块同步给出了项目的建设内容、具体规划方案及改造前后接线图（图 4-26）：将 110 kV B 变出线的医沙 L006 线、医白 L015 线两回线路以及相应联络线路川围 L523 线、川垦 L052 线（110 kV A 变出线），四回线路开口进 110 kV C 变，形成经纬至川南，经纬至医化两组标准多分段单联络接线模式。

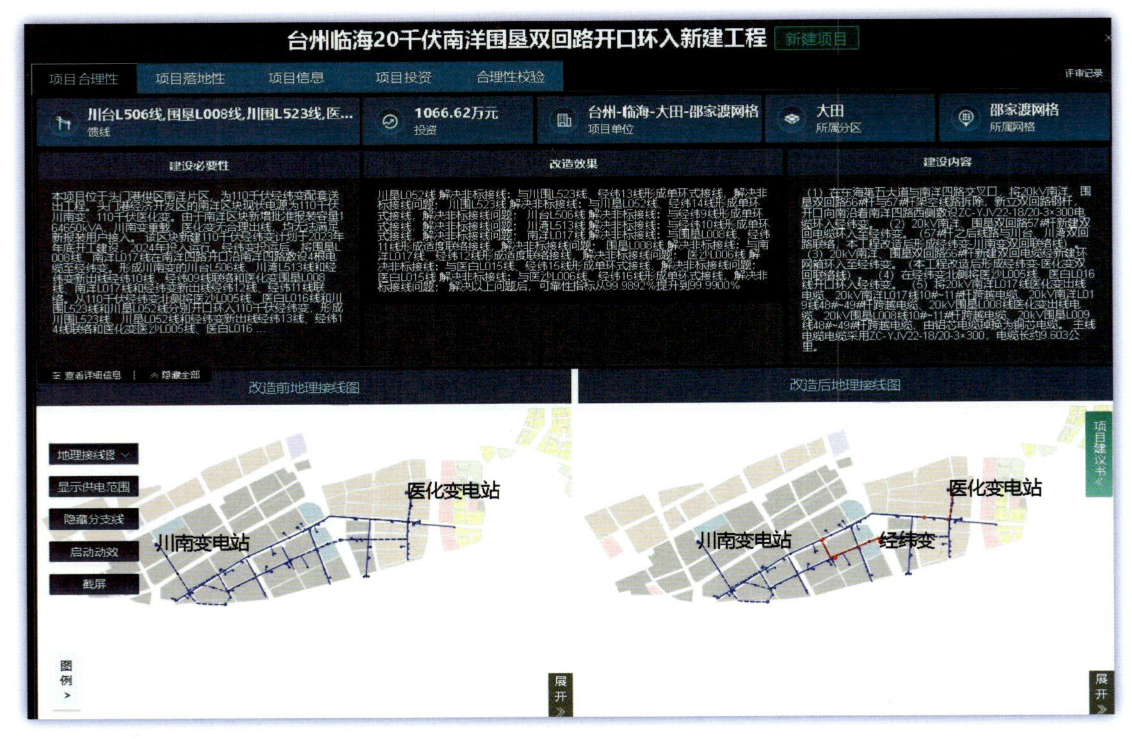


图 4-26　20 kV 南洋围垦双开口环入新建工程项目内容

项目库—项目管理—项目生成清单—项目投资模块（图 4-27）给出了项目的投资总额及清单，包含了人工费用、电缆、断路器等设备的个数和金额。20 kV 南洋围垦双开口环入新建工程总投资 1 066.62 万元。项目库—项目管理—项目生成清单—合理性校验模块显示，项目完成后，解决了医沙 L006 线、医白 L015 线非标接线问题；解决了川围 L523 线、川垦 L052 线重载问题；同时为后续新增用户接入提供了裕度。对比项目人工校验评估，发现该项目与系统诊断结果偏差不超过 5%，方案合理性较高。

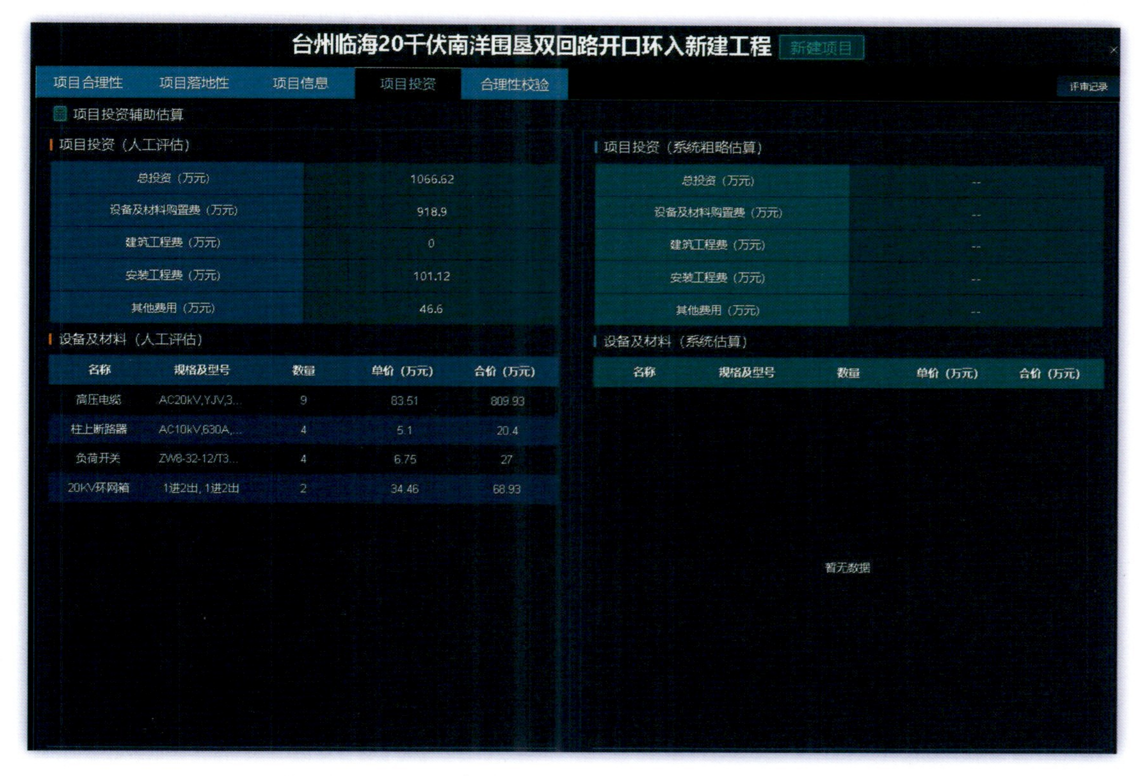


图 4-27　20 kV 南洋围垦双开口环入新建工程项目投资

**工程 2：**110 kV C 变 20 kV 医邦医翔双开口环入新建工程

平台的项目库—项目管理—项目生成清单—项目合理性模块，分析了项目的建设必要性：项目位于某供区某网格，B 类供电区域，网格面积 15.26 km，现状负荷约 53.95 MW，内有多分段单联络 7 组，辐射线路 2 条，标准接线率 87.5%。本工程涉及的 20 kV 线路为川鹏 L048 线、川华 L519 线、医邦 L009 线和医翔 L020 线。20 kV 医邦、医翔双回路线主线架空选用 JKLYJ-240 导线，医邦主线电缆选用 YJLV22-18/20-3 × 400 电缆，医翔主线电缆选用 YJLV22-18/20-3 × 400 电缆。目前，双回路线路挂接配变 30 台，合计 47 955 kV · A。医邦线负载率为 76.85%，最大负荷 18.48 MW；医翔线负载率为 76.31%，最大负荷 14.9 MW。20 kV 川华、川鹏双回路线主线选用 JKLYJ-240 导线，电缆选用 YJV-18/20-3 × 300 电缆，目前线路挂接配变

4 台，合计 20 635 kV·A。川华线负载率为 0%；川鹏线负载率为 68.38%，最大负荷 8.48 MW。由于该片区新增批准报装容量大，已有线路负载率高，均无法满足新报装用户接入，因此需 C 变合理出线和已有线路形成新联络，满足周边新装大用户的接入，并解决沿海地区电力线路防台、防盐雾的问题。

项目库 — 项目管理 — 项目生成清单 — 项目合理性模块同步给出了项目的建设内容、具体规划方案及改造前后接线图（图 4-28）：在某第五大道与某四路交叉口，将医邦 L009 线和医翔 L020 线原 57# 杆至 58# 杆架空线路拆除，新立双回路钢杆，开口向南沿着某四路西侧敷设 ZC-YJV22-18/20-3 × 300 电缆环入 C 变。20 kV 医邦、医翔双回路 58# 杆新建双回电缆环入至 C 变。本工程改造后形成 C 变 — A 变双回联络线和 C 变 — B 变两组双回联络线。

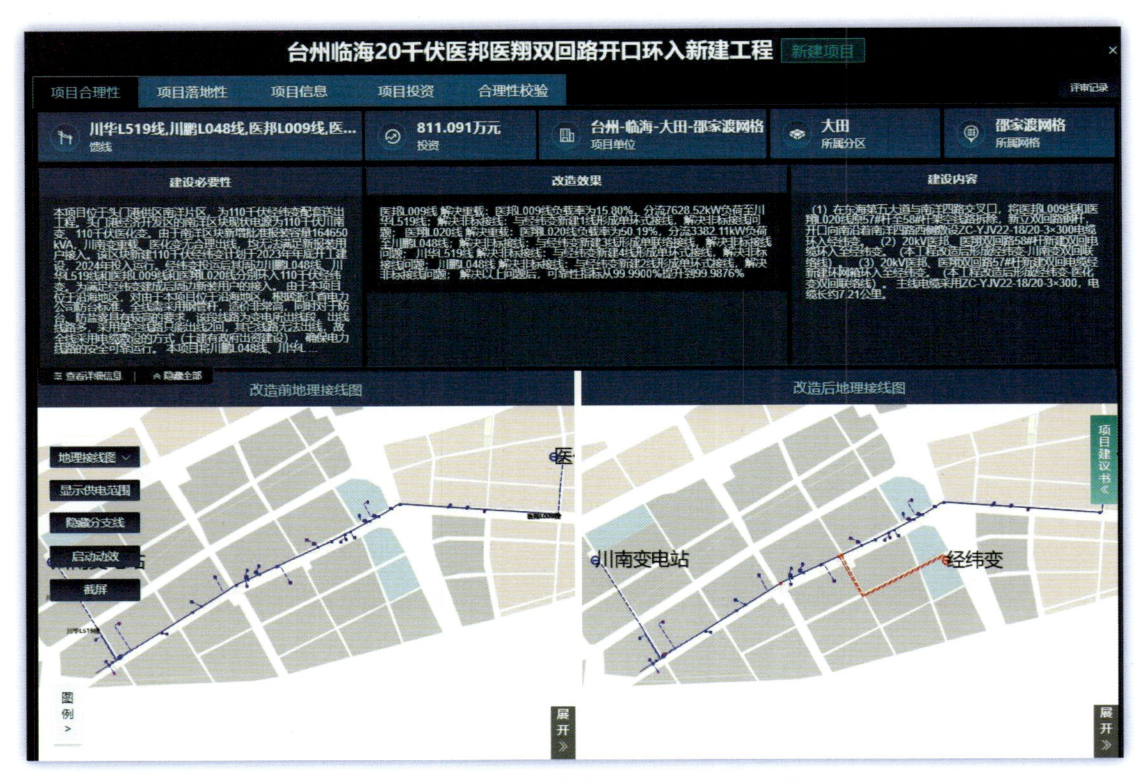


图 4-28　20 kV 医邦医翔双开口环入新建工程项目内容

项目库 — 项目管理 — 项目生成清单 — 项目投资模块给出了项目的投资总额及清单，包含了人工费用、电缆、断路器等设备的个数和金额，如图 4-29 所示。20 kV 医邦医翔双开口环入新建工程总投资 811.09 万元。项目库 — 项目管理 — 项目生成清单 — 合理性校验模块显示，项目完成后，解决了医邦 L009 线和医翔 L020 线重载问题；保障了后续新增用户接入。对比项目人工校验评估，发现该项目与系统诊断结果偏差不超过 5%，方案合理性较高。

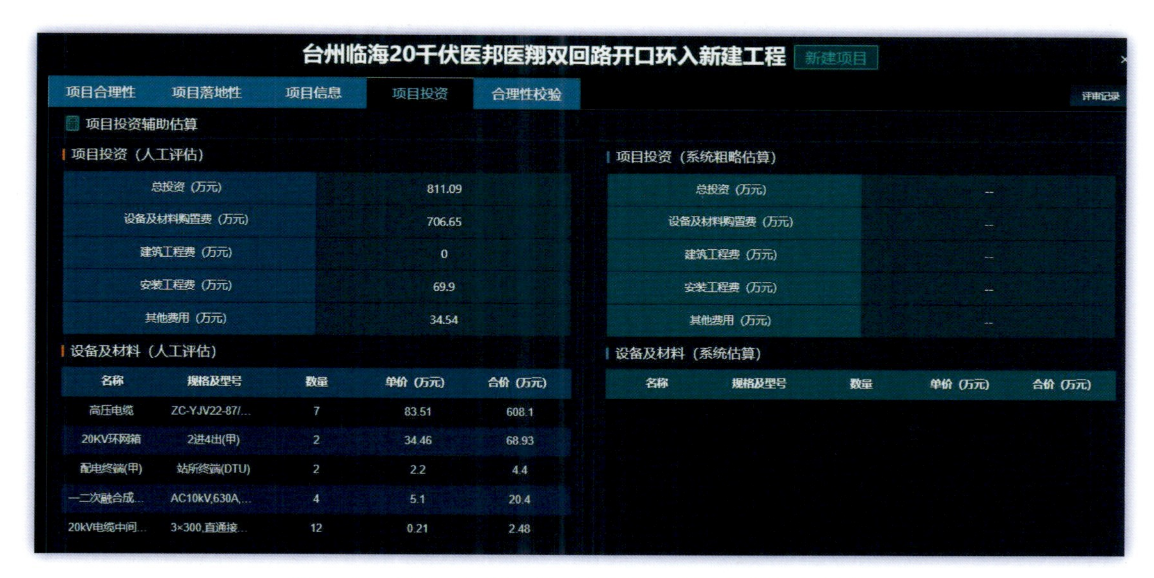


图 4-29　20 kV 医邦医翔双开口环入新建工程项目投资

### 3）项目过程管控

根据平台生成的项目规划和建议，2023 年已安排一个 110 kV 输变电工程和 2 个相关的 20 kV 配网项目，自开工以来，通过系统过程管理模块“四率合一”监测功能和物料领用监测功能，完成项目建设的基建建设进度、物料领用进度、投资完成进度、资金发生进度的多专业监测，确保项目建设过程各项数据报送的准确、规范。

#### （1）110 kV 项目过程管控

110 kV 输变电工程于 2021 年 4 月完成项目可研设计报告的编制，2021 年 8 月获得项目可研批示，2021 年 9 月获得项目核准，如图 4-30 所示。

台州临海经纬110千伏输变电工程
1611TZ1900NR　电压等级：交流110kV　项目状态：项目已开工（建设中）

项目基本信息　项目必要性　项目资料　进度里程碑　物资物料信息　规划落地监测　项目足迹　四率执行监测　五算概览

| 节点名称 | 计划时间 | 文件名称 | 部门 | 批文时间 | 有效时间 | 文号 |
|---|---|---|---|---|---|---|
| ◢ 可研 | | | | | | |
| 中标通知书 | | | | | | |
| 可研设计报告 | | 浙电经研规〔2021〕138号 国网浙江经研院 | | 2021-04-01 | 2025-11-28 | √ |
| 设备材料清册 | | | | | | |
| 可研评审意见 | | 浙电经研规〔2021〕138号 国网浙江经研院 | | 2021-04-01 | 2025-11-28 | 浙电经研规〔2021〕138号 |
| 可研评审意见 | | 浙电经研规〔2021〕138号 国网浙江经研院 | | 2021-01-11 | 2024-01-01 | 浙电经研规[2021]138号 |
| 可研批复请示 | | 国网台州供电公司关于报审台州临海经纬110 | 市县供电公司 | 2021-04-06 | 2023-04-06 | 台电发展〔2021〕103号 |
| 可研批复意见 | | 浙电发展〔2021〕505号 国网浙江省电力有 | | 2021-08-02 | | 浙电发展[2021]505号 |
| ◢ 核准支持性文件 | | | | | | |

图 4-30　项目资料示意图

某地区输变电工程项目于 2023 年 6 月 26 日正式开工，项目整体投资计划 8 998.1 万元，如图 4-31 所示，计划投产 110 kV 主变 2 台，容量总计 16 万 kV · A，新建 110 kV 线路 2 条，线路长度总计 12.6 km。

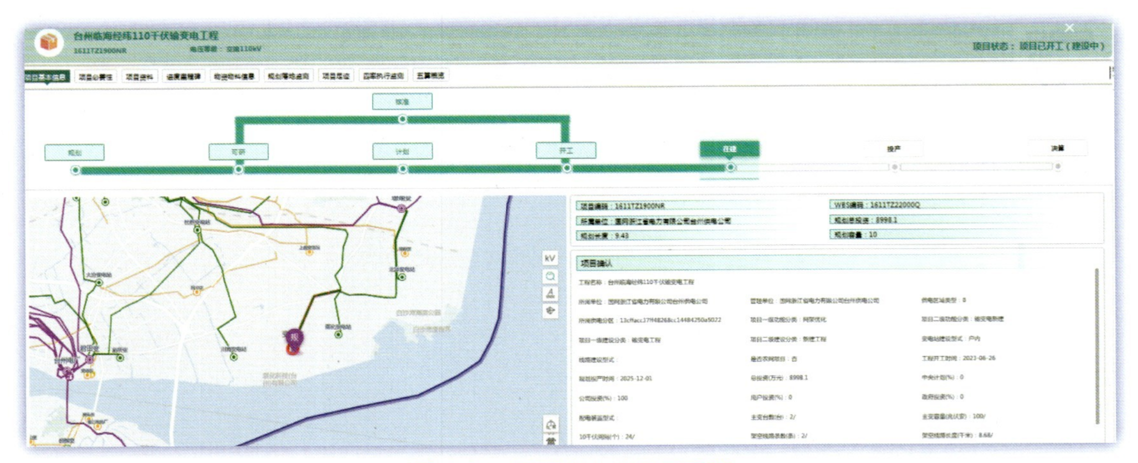


图 4-31 项目基本信息示意图

截至 2024 年 4 月底，该项目已经完成基建进度 39.94%，如图 4-32 所示，完成投资进度 34.97%，财务资金发生进度 34.97%，完成项目物料领用 2 064 万元，总计领用变电容量 16 万 kV · A，领用电缆线路 0.35 km，整体项目进度均在项目建设合理范围内，有效确保了项目的规范建设与数据的合规报送，降低了项目的审计风险，实现了多专业协作的电网基建项目协同管理能力提升。

图 4-32 项目建设进度示意图

（2）20 kV 项目过程管控

20 kV 南洋围垦双开口环入新建工程和 20 kV 医邦医翔双开口环入新建工程于 2023 年 4 月完成项目可研设计报告的编制，2023 年 8 月获得项目可研批示，2024 年 1 月获得项目核准，2024 年 3 月 26 日正式开工。项目整体计划投资 1 850 万元，已累计完成 1 090.69 万元，完成率为 58.96%，投资明细如图 4-33 所示。计划新建 20 kV 线路 6 条，线路长度总计 14.9 km。

| 项目名称 | WBS编码 | 本年投资计划 | 本月完成投资 | 自开始累计完成投资采集值 | 采集值来源 | 自开始累计完成投资校核值 | 本年投资完成校核值 |
|---|---|---|---|---|---|---|---|
| 合计 | | 4167 | 359.807 | 5139.213 | | 5121.955 | 3081.525 |
| 台州临海20kV万洋小微园区业扩配套工程 | 423004Y | 150.0 | | | | | |
| 台州临海20kV成好小微园区业扩配套工程 | 423004Z | 345.0 | 20.000000 | 314.192907 | 财务入账 | 314.192907 | 314.192907 |
| 台州临海20kV医邦医翔双回路开口环入新建 | 423004G | 800.0 | 40.000000 | 275.661568 | 财务入账 | 275.661568 | 275.661568 |
| 台州临海20kV南洋围垦双回路开口环入新建 | 423004F | 1050.0 | 83.803672 | 815.032088 | 财务入账 | 815.032088 | 815.032088 |
| 台州临海10千伏盘山盘海双回路联络新建工 | 422002Y | 120.0 | | 717.506374 | 财务入账 | 702.622886 | 6.558686 |
| 台州临海2023年江南供电所公变台区改造工 | 422001Z | | | 102.253853 | 财务入账 | 102.253853 | -0.000047 |
| 台州临海2023年桃渚供电所公变台区改造工 | 422001Y | | | 190.526327 | 财务入账 | 190.526327 | 0.000027 |
| 台州临海10kV东塍供电服务站2024年台区扌 | 423003H | 100.0 | | 102.181579 | 财务入账 | 102.181579 | 102.181579 |
| 台州临海10kV头门港供电所2024年台区增钅 | 423003G | 200.0 | 0.647756 | 149.305959 | 财务入账 | 149.305959 | 149.305959 |
| 台州临海2023年杜桥供电所公变台区改造工 | 422001X | | | 102.274254 | 财务入账 | 102.274254 | -0.000046 |
| 台州临海10kV大田供电所横溪村1号公变等 | 423003J | 315.0 | 55.000000 | 222.357355 | 财务入账 | 222.357355 | 222.357355 |
| 台州临海2023年括苍供电所公变台区改造工 | 422001V | | | 146.406796 | 财务入账 | 146.406796 | -0.000004 |
| 台州临海10kV杜桥供电所2024年台区增容 | 423003D | 275.0 | 37.584117 | 219.270377 | 财务入账 | 219.270377 | 219.270377 |
| 台州临海东部片区2023年20千伏宽频量测 | 4220026 | 90.0 | | 484.860745 | 财务入账 | 482.486095 | 482.464795 |
| 台州临海2023年巾山供电所公变台区改造工 | 422001T | | | 208.350718 | 财务入账 | 208.350718 | 0.000018 |
| 台州临海10kV巾山供电所2024年台区增容 | 423003C | 232.0 | 30.696224 | 188.296964 | 财务入账 | 188.296964 | 188.296964 |
| 台州临海2023年10千伏智能开关设备改造 | 4220025 | 50.0 | | 371.302710 | 财务入账 | 371.302710 | 11.926010 |
| 台州临海10千伏配电站房改造工程 | 4220024 | | | 43.574650 | 财务入账 | 43.574650 | -0.000050 |
| 台州临海10kV桃渚供电所2024年台区增容 | 423003F | 440.0 | 92.075020 | 294.276336 | 财务入账 | 294.276336 | 294.276336 |
| 台州临海2023年10千伏环网柜设备改造项 | 4220023 | | | 191.581725 | 财务入账 | 191.581725 | 0.000025 |

图 4-33　20 kV 项目投资明细

截至 2024 年 5 月底，20 kV 南洋围垦双开口环入新建工程已经实际完成投资 792.51 万元，完成投资进度 75.43%，实际物资入账成本 732 万元，领用电缆线路 7.96 km。项目建设进度示意图如图 4-34 所示，项目投资明细如图 4-35 所示。

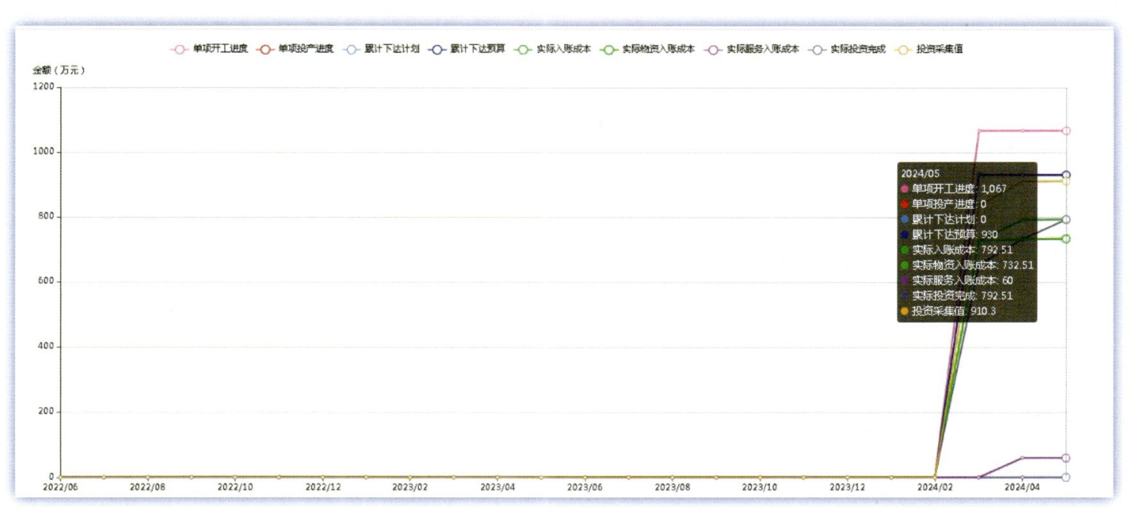


图 4-34　项目建设进度示意图

| 项目名称（项目描述） | 项目编码 | 年份 | 月份 | 物料描述 | 领用数量 | 领料单位 | 领料金额 | 领料时间 | 退料数量 |
|---|---|---|---|---|---|---|---|---|---|
| 台州临海20kV南洋围垦双回路开口环入 | 1811T423004F | 2024 | 03 | 电力电缆,AC20kV,YJV,3 | 7.961 | | 5766635.57 | 2024-03-26 00:00:00 | 0.0 |
| 台州临海20kV南洋围垦双回路开口环入 | 1811T423004F | 2024 | 03 | 环网箱,AC20kV,2,4 | 2.0 | | 620000.0 | 2024-03-28 00:00:00 | 0.0 |
| 台州临海20kV南洋围垦双回路开口环入 | 1811T423004F | 2024 | 03 | 配电终端,站所终端(DTU | 2.0 | | 36364.0 | 2024-03-28 00:00:00 | 0.0 |
| 台州临海20kV南洋围垦双回路开口环入 | 1811T423004F | 2024 | 04 | 20kV电缆终端,3×300,户 | 12.0 | | 6047.76 | 2024-04-18 00:00:00 | 0.0 |
| 台州临海20kV南洋围垦双回路开口环入 | 1811T423004F | 2024 | 04 | 20kV电缆中间接头,3×30 | 16.0 | | 21360.0 | 2024-04-18 00:00:00 | 0.0 |
| 台州临海20kV南洋围垦双回路开口环入 | 1811T423004F | 2024 | 04 | 20kV电缆终端,3×300,户 | 14.0 | | 8304.38 | 2024-04-18 00:00:00 | 0.0 |
| 台州临海20kV南洋围垦双回路开口环入 | 1811T423004F | 2024 | 04 | 20kV电缆终端,3×300,户 | 8.0 | | 4031.84 | 2024-04-18 00:00:00 | 0.0 |
| 台州临海20kV南洋围垦双回路开口环入 | 1811T423004F | 2024 | 04 | 20kV电缆终端,3×300,户 | 14.0 | | 8304.38 | 2024-04-18 00:00:00 | 0.0 |
| 台州临海20kV南洋围垦双回路开口环入 | 1811T423004F | 2024 | 04 | 交流避雷器,AC20kV,34k | 54.0 | | 10507.3 | 2024-04-28 00:00:00 | 0.0 |
| 台州临海20kV南洋围垦双回路开口环入 | 1811T423004F | 2024 | 04 | 耐张线夹-楔型绝缘,NXJ- | 12.0 | | 722.16 | 2024-04-28 00:00:00 | 0.0 |

图 4-35　20 kV 项目投资明细

截至 2024 年 5 月底，20 kV 南洋围垦双开口环入新建工程已经实际完成投资 275.66 万元，完成投资进度 34.46%，实际物资入账成本 237 万元，领用电缆线路 1.896 km，项目建设进度明细和项目投资明细分别如图 4-36、图 4-37 所示。

图 4-36　项目建设进度明细

通过平台的过程管控模块，有效地将整体项目进度维持在项目建设的合理范围内。除实时监控项目进度外，过程管控模块还能及时发现项目实施过程中发现的问题并帮助解决问题，确保了项目的规范建设与数据的合规报送，降低了项目的审计风险，保障了项目的质量和效率，实现了多专业协作的电网基建项目协同管理能力提升。

图 4-37　项目投资明细

4）后评价

利用后评价模块（图 4-38），查看经开区南部片区规划方案的实施情况，实际投资完成情况、过程中存在的不足等内容，形成闭环管理，更好地助力电网规划建设工作。经开区南部片区 110 kV 工程 1 个，2024 年落地 1 个，落地率 100%；20 kV 配网项目 5 个，2024 年落地 2 个。项目落地后，解决 2 条辐射线路，经开区南部片区 46 条 20 kV 线路中，线路联络率 100%；解决非标接线 3 组，标准接线率为 87%，提升了 12%；减少重载线路 8 条，A 变和 B 变重载线路占比 8.7%，减少了 16%。N-1 不通过率减少至 4.3%，供电可靠率从 99.991 6% 提升至 99.996 8%。

图 4-38　项目指标后评价

## 4.2.3　应用成效

平台对南洋片区项目落地后的预期成效进行了精准预估，通过数据分析和模拟预测，全面评估了项目的可行性、经济效益和社会效益。

1）110 kV 输变电项目成效

110 kV 输变电工程完成后，预计主供南部医药制造园区及新兴技术园区负荷。其主变规模为 2×80 kV·A，变电站通过两回 110 kV 线路接入 220 kV D 变和 E 变，和 110 kV B 变形成链式接线形式。

110 kV C 变预计 2024 年 6 月 18 日投运：①满足周边新用户的接入，解决医药化工园区用电需求问题；②该片区负荷一共 26 万 kW，3 个变电站每个 8～9 W，C 变投运后，计划逐步割接 A 变和 B 变负荷至 C 变。其中 A 变割接 5 万 kW 负荷至 C 变，B 变割接 4 万 kW 负荷至 C 变。C 变预计负荷达到 11 万 kW，负载率为 72%；A 变预计负荷达到 10 万 kW，负载率为 65%；B 变预计负荷达到 10 万 kW，负载率为 60%，缓解了 A 变和 B 变的重载情况有效缓解，南洋片区负荷分布较为均匀。同时，还提高了主网架结构强度。

2）20 kV 配网项目成效

在项目库—合理性校验模块，平台通过数据分析和模拟预测，对经开区南部片区 20 kV 配网项目落地后的预期成效进行了精准评估，可以通过该模块直观看到项目的改造效果，如图 4-39 所示。

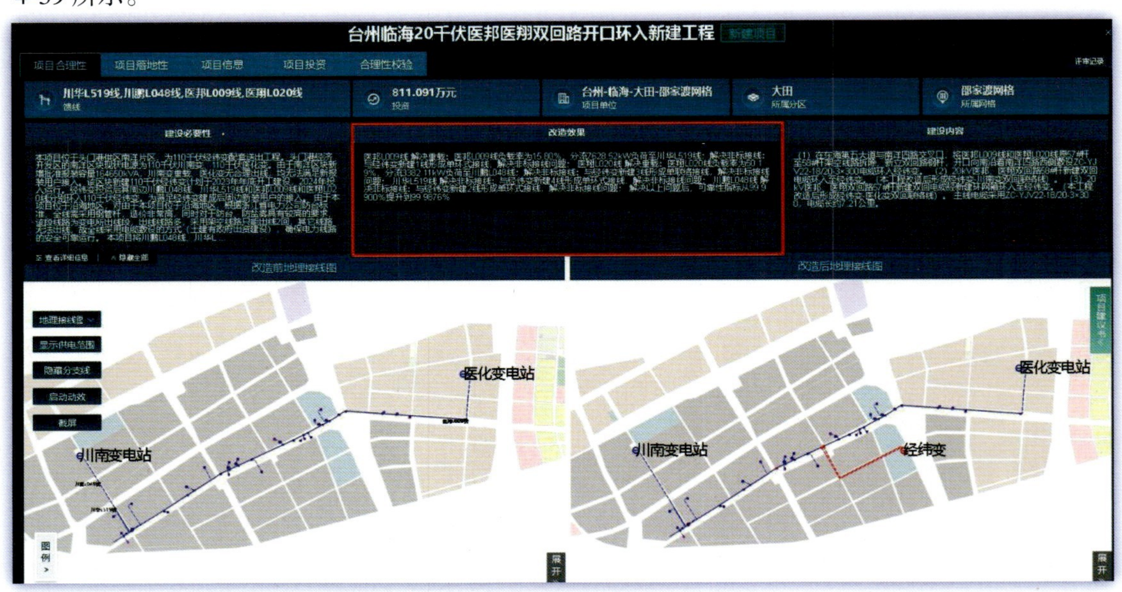


图 4-39　项目合理性概述 1

20 kV 医邦医翔双开口环入新建工程：①解决线路重载问题。医翔 L020 线负载 11.01 MW，负载率 76%，医邦 L009 线负载 18.26 MW，负载率 126.81%。C 变新建线路 01 线、02 线与医邦 L009 线、医翔 L020 线联络后，医翔 L020 线预计割接配变容量 13 050 kV·A，转出负荷 5.41 MW，预计负载率为 38.87%；医邦 L009 线预计割接配变容量 27 650 kV·A，转出负荷 12 MW，预计负载率为 45%。②解决非标接线。医沙 L006 线、医白 L015 线为辐射线路，C 变新建线路 03 线、04 线与医沙 L006 线、医白 L015 线形成标准联络，优化网架结构。③提升供电可靠性。线路平均供电可靠性指标从 99.991 5% 提升至 99.995 2%。

20 kV 南洋围垦双开口环入新建工程（图 4-40）：①解决线路重载问题。南洋 L017 线路负载 12.19 MW，负载率 84.6%，围垦 L008 线负载 10.68 MW，负载率 74%。C 变新建线路 05 线和 06 线和南洋 L017 线、围垦 L008 线路形成联络。围垦 L008 线预计割接配变容量 12 660 kV · A，转出负荷 8.02 MW，预计负载率为 38.87%；南洋 L017 线转出负荷 3.86 MW，预计割接配变容量 8 215 kV · A，预计负载率为 57.83%。②提升供电可靠性。将南洋、围垦双回路线上的铝芯电缆换为铜芯电缆将有效地降低线路故障率，提高供电可靠性。线路平均供电可靠性指标从 99.989 5% 提升至 99.996 8%。

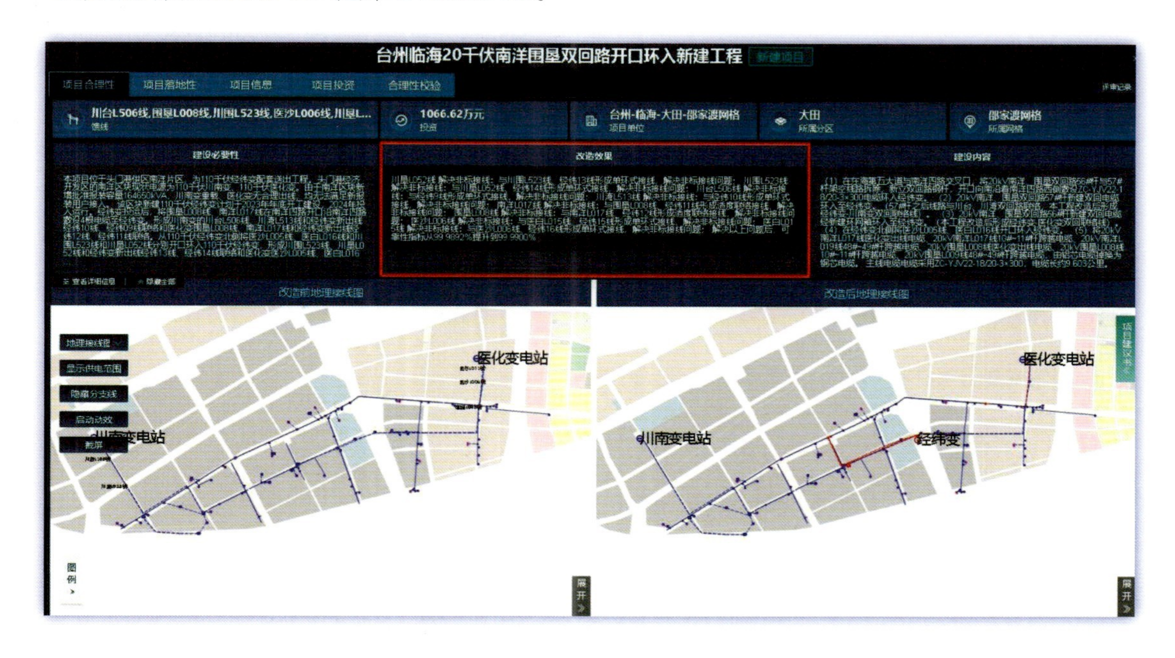


图 4-40　项目合理性概述 2

### 3）经开区南部片区整体成效

110 kV C 变一期配套配网工程建设完成后，能够 C 变与 110 kV B 变和 A 变各形成 6 组标准多分段单联络，将 A 变与 B 变重载线路部分负荷倒至 110 kV C 变运行，有效缓解了 A 变和 B 变主变重载以及线路重载的情况，其中 A 变负荷转移了 15 MW，B 变负荷转移了 30 MW 至 C 变，解决了 4 条线路重载问题，南部片区线路重载率由 25% 降至 15%。解决了 B 变 2 回单辐射线路非标接线问题，优化了网架结构，提高了供电可靠性。同时对于新用户，考虑其地理位置及工程实施可行性，尽量就近接入，以接入 C 变为优先、少量接入 B 变，减少了供电距离，满足了用户双电源供电需求。

## 4.3　典型区域间隔管理全流程案例

虽然“配电网规划全流程平台”包含数据自动采集与计算、现状问题诊断与分析、目标网架自动规划、过渡网架方案生成、方案成效评估、项目筛选流转、投资计划建议生成及“四率合一”管控等方面，但是依然存在几点不足，需要与其他平台相互补充，以便更好地服务电网规划和投资管理业务，通过多平台数据综合分析，更全面地涵盖电网薄弱环节，为基层工作人员减负，提升目标网架规划、项目建设方案的准确性、经济性和效益性，合理安排电网建设项目、建设时机和资金投入。一是数据精确度不足，配电网规划全流程平台的数据最小只能精确到供电所一级的网架，针对变电站、线路、配变、间隔等的运行情况和设备水平等基础数据暂时无法精确查找和显示，需要参考其他系统平台的数据以强化基础数据支撑力度。二是规划项目库不够全面，配电网规划全流程平台规划库中的项目虽然能够满足大部分网架类项目的需求，但是难免会有遗漏，这就要求从其他角度以及借助其他工具进行网架类项目规划，对规划库项目进行有效的补充。

为扬长避短，更好地发挥配电网规划全流程平台的作用，以下某公司从“配电网规划全流程平台”和“网上电网”“SCADA”“PMS3.0”等平台系统取长补短，开展拓展应用，针对变电站间隔资源紧张与国民经济快速发展、城市化进程加快之间的矛盾，深度剖析发展、运检、营销等专业在间隔管理上的矛盾问题，从间隔管理的角度量化评价配电网发展成效，对“配电网规划全流程平台”的规划项目库进行有效补充。

### 4.3.1 工作背景

以东部某市为例。截至2023年底，该市共有10（20）kV间隔共3 980个，已使用3 811个，剩余169个，间隔使用率为95.8%。通过对2023年典型日线路负载率分析发现该市现状间隔利用效率偏低，间隔负载率平均值仅为14.8%。由此类情况反映出，以往粗放型的间隔利用方式已经无法满足城市在不同发展阶段的需求。以下从“配电网规划全流程平台”“网上电网”“PMS”和“SCADA”多个平台获取全局现状，分析此类情况出现的原因，从网架结构的维度进行诊断并提出解决措施。

### 4.3.2 主要做法

#### 1）“三平台协同”看间隔全局概况

（1）区域概况

选取某街道的某110 kV变电站进行具体分析，由配电网规划全流程平台、网上电网平台和PMS系统可知，如图4-41、图4-42所示，该变电站供电区域中的现有主要负荷为居民用电，一小部分为工业负荷。该变电站间隔使用率高，但变电站整体负荷与该县其他变电站相比不高，变电站出线负荷相对不重，间隔利用效率相对不高。结合该地实际背景可知，该街道正在进行老旧工业点拆除和工业园区新建，新工业园区建成后将面临可接入间隔不足的困境。

图 4-41 配电网规划全流程平台中网架情况

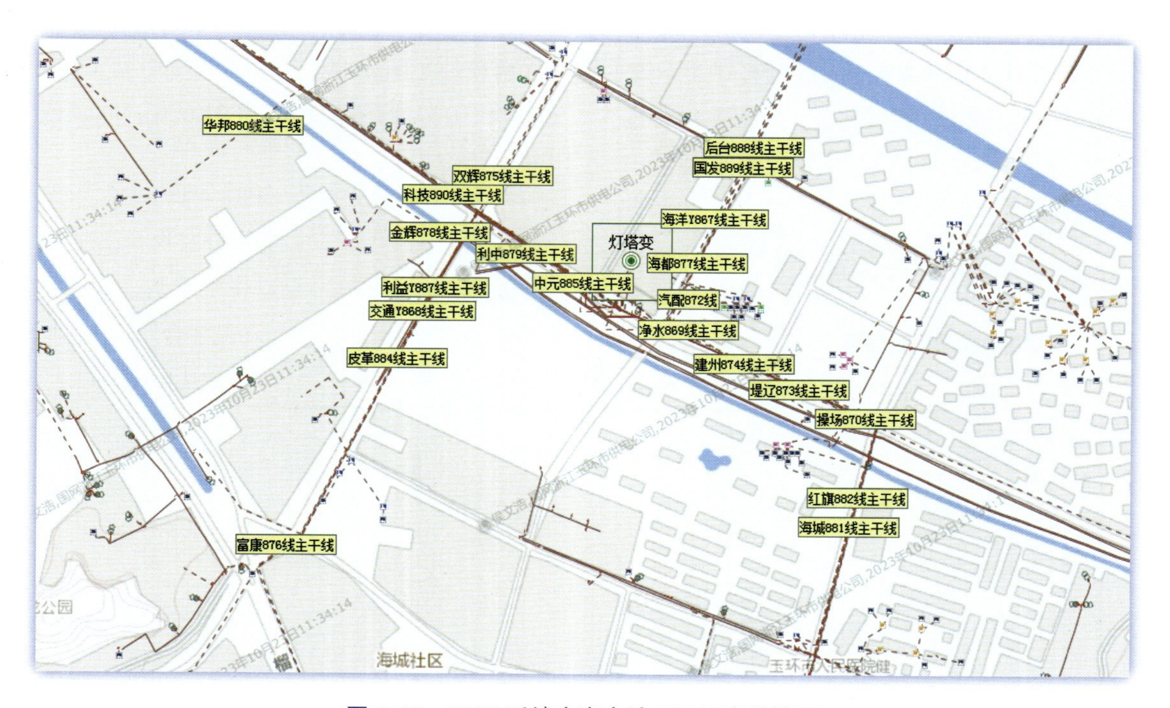


图 4-42 PMS 系统中变电站 10 kV 出线情况

（2）变电站及其间隔现状

通过网上电网—变电站档案参数查询可知，该变电站于 2010 年 6 月 1 日投运，现状容量为 2×50 MV·A，如图 4-43 所示。

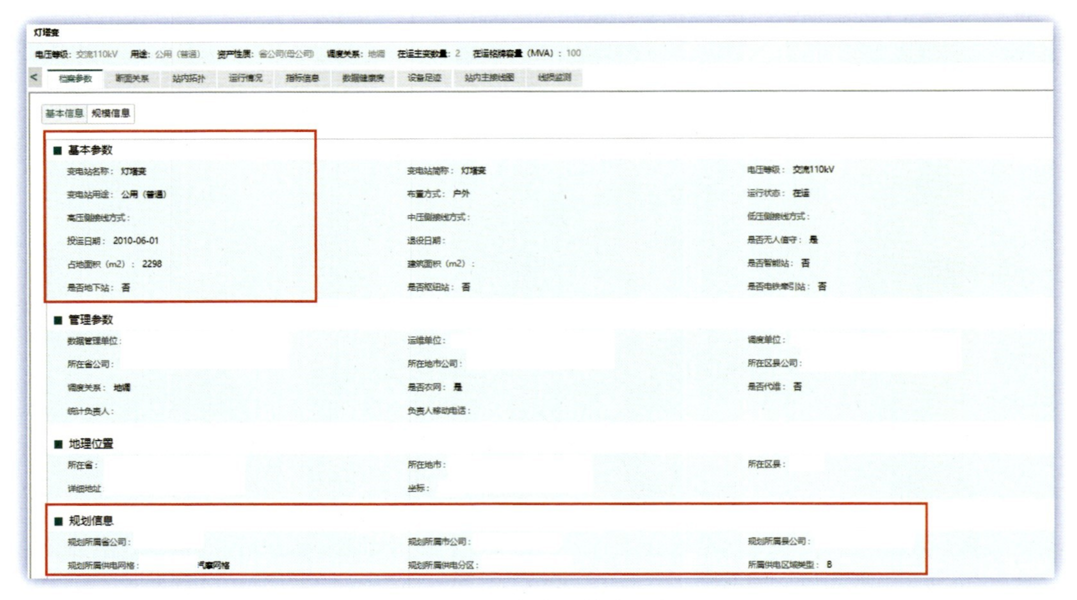


图 4-43　变电站基本信息

2023 年该变电站间隔使用率为 91.67%。结合“网上电网”系统—变电站站内拓扑—间隔管理模块（图 4-44）和调度 SCADA 系统变电站详情模块（图 4-45）可知，该变电站 10 kV 间隔 24 个，已使用间隔 22 个，剩余间隔 2 个，2023 年 10 kV 间隔使用率为 91.67%，间隔使用率高。

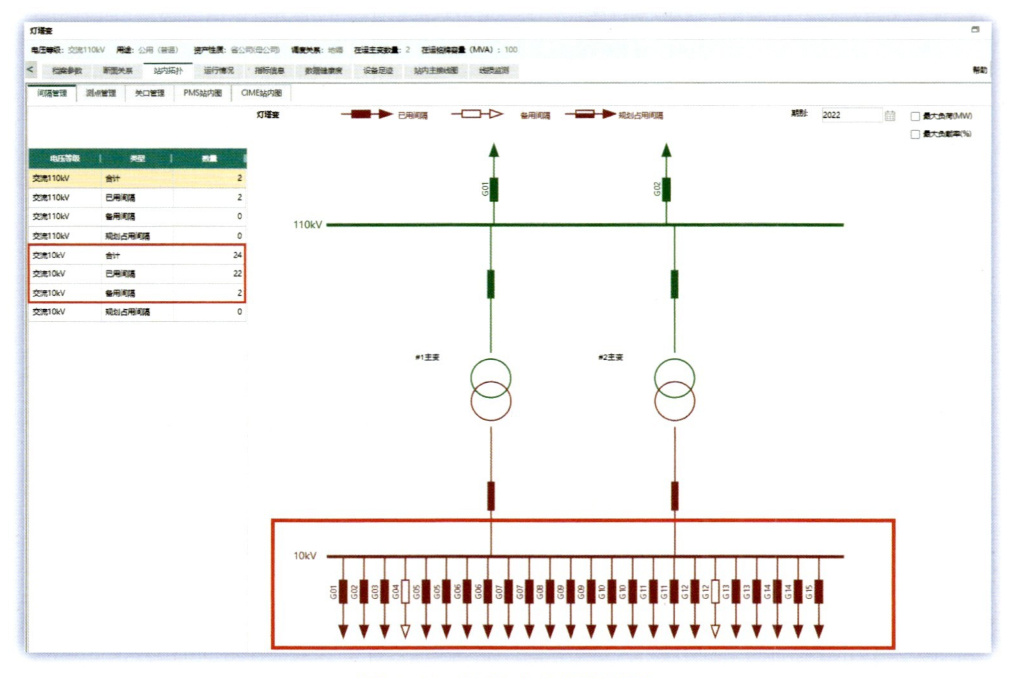


图 4-44　该变电站间隔情况

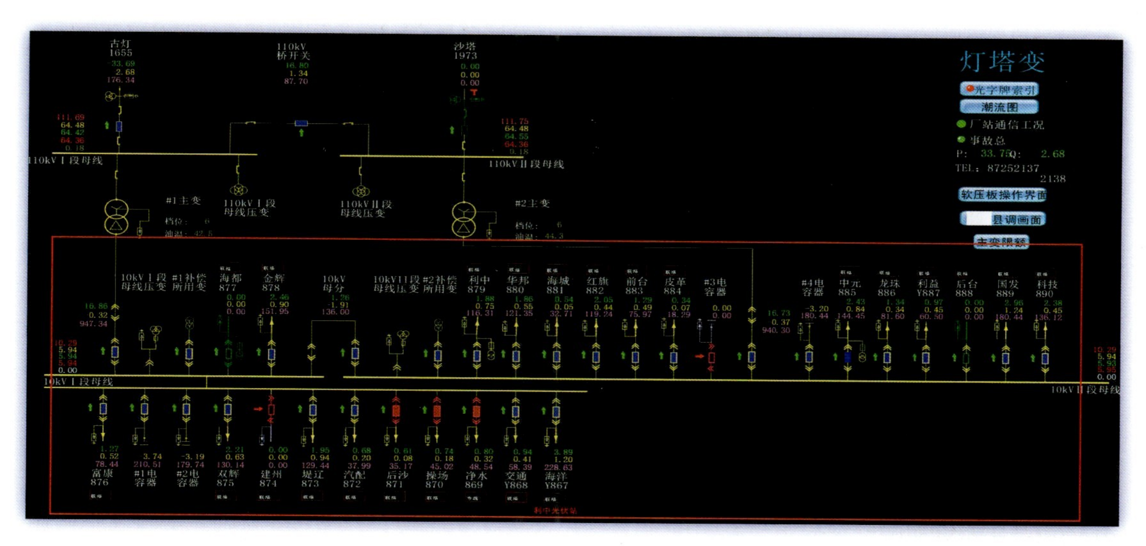


图 4-45　SCADA 系统中该变电站间隔使用情况

2023 年该变电站平均负载率仅为 23.82%。通过“网上电网”变电站运行情况查询模块（图 4-46）可知，2023 年该变电站最大负荷为 60.96 MW，最大负载率为 64.17%，平均负载率仅为 23.82%。

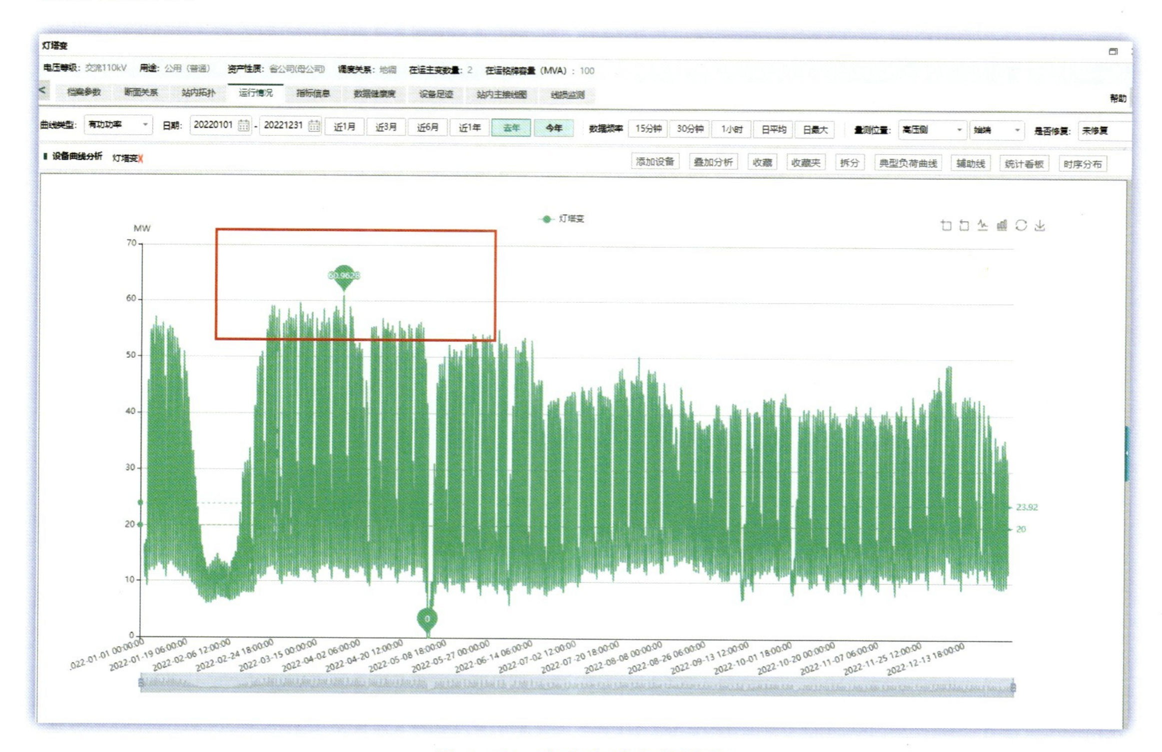


图 4-46　该变电站负荷情况

由 SCADA 系统中变电站的有功总加年曲线（图 4-47）可知，该变电站 2023 年最大负荷为 60.96 MW，出现在 3 月 25 日，与网上电网数据一致。

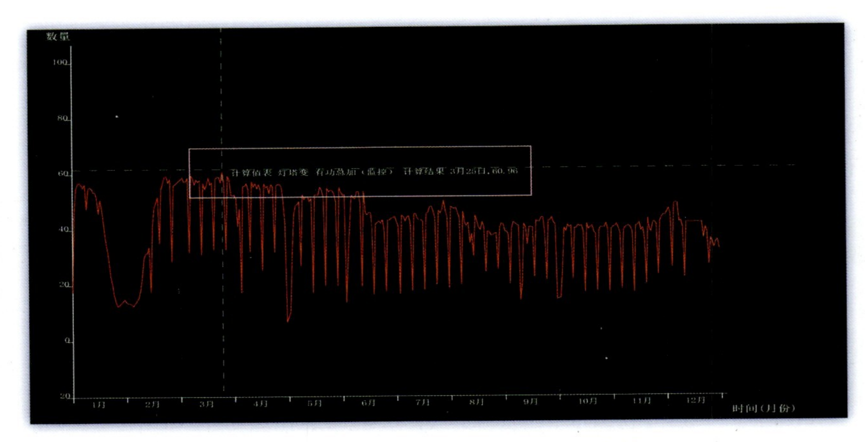


图 4-47 SCADA 系统中该变电站负荷情况

## 2)“多数据融合”剖间隔紧缺原因

### (1) 透过“发展诊断”看配电线路负载率

从负载率看，该变电站多数 10 kV 线路处于轻载运行状况。通过在网上电网—发展诊断—供电能力模块查询可知该变电站中共有 10 kV 线路 23 条，其中 19 条线路平均负载率均低于 20%，最大负载率低于 40% 的 10 kV 线路有 9 条，如图 4-48 所示。

单位名称：玉环市公司　设备名称：　所属变电站名称：灯塔变　电压等级：交流10kV,交流20kV,交

运行状态：　资产性质：　设备编号：　是否参与计算：全部

| 序号 | 定位 | 设备名称 | 所属变电站 | 电压等级（kV） | 额定容量（MVA） | 最大负荷（MW） | 最大负载率（%） | 最大视在功率 | 最大视在功率时刻 | 最大有功负荷时刻 | 投运时间 |
|---|---|---|---|---|---|---|---|---|---|---|---|
| 1 | | 汽配872线 | 灯塔变 | 交流10kV | 10.91 | 0 | 0 | 0 | | 2022-12-31 00:00 | 2018-07-30 |
| 2 | | 利益Y887线 | 灯塔变 | 交流10kV | 10.48 | 6.59 | 71.9 | 7.53 | 2022-08-18 08:30 | 2022-08-18 08:30 | 2014-10-31 |
| 3 | | 交通Y868线 | 灯塔变 | 交流10kV | 8.49 | 4.71 | 55.61 | 4.72 | 2022-12-05 19:00 | 2022-12-05 19:00 | 2014-10-31 |
| 4 | | 华邦880线 | 灯塔变 | 交流10kV | 11.52 | 5.12 | 46.68 | 5.38 | 2022-03-08 08:30 | 2022-03-08 08:30 | 2010-07-01 |
| 5 | | 龙珠886线 | 灯塔变 | 交流10kV | 10.13 | 4.45 | 44.24 | 4.48 | 2022-02-23 19:15 | 2022-02-23 19:15 | 2014-10-31 |
| 6 | | 中元885线 | 灯塔变 | 交流10kV | 8.49 | 5.08 | 62.36 | 5.29 | 2022-09-22 08:15 | 2022-09-22 08:15 | 2010-07-01 |
| 7 | | 科技890线 | 灯塔变 | 交流10kV | 10.48 | 5.75 | 56.85 | 5.96 | 2022-07-20 09:45 | 2022-07-20 09:45 | 2012-11-22 |
| 8 | | 海洋Y867线 | 灯塔变 | 交流10kV | 10.13 | 6.26 | 65.41 | 6.63 | 2022-03-30 08:30 | 2022-03-30 08:30 | 2016-06-15 |
| 9 | | 操场870线 | 灯塔变 | 交流10kV | 7.62 | 1.83 | 25.15 | 1.92 | 2022-04-29 15:15 | 2022-12-06 17:45 | 2016-06-22 |
| 10 | | 全辉878线 | 灯塔变 | 交流10kV | 11.52 | 3.96 | 36.23 | 4.17 | 2022-07-27 08:45 | 2022-07-27 08:45 | 2010-07-01 |
| 11 | | 双辉875线 | 灯塔变 | 交流10kV | 11.52 | 4.46 | 41.23 | 4.75 | 2022-06-27 08:30 | 2022-06-27 08:30 | 2010-07-01 |
| 12 | | 建州874线 | 灯塔变 | 交流10kV | 10.13 | 0.06 | 0.65 | 0.07 | 2022-03-08 04:30 | 2022-03-08 04:30 | 2010-07-01 |
| 13 | | 前台883线 | 灯塔变 | 交流10kV | 10.13 | 6.54 | 65.92 | 6.68 | 2022-08-21 12:00 | 2022-08-21 12:00 | 2010-07-01 |
| 14 | | 堤江873线 | 灯塔变 | 交流10kV | 10.13 | 3.68 | 39.49 | 4 | 2022-08-10 15:15 | 2022-08-10 15:15 | 2012-11-26 |
| 15 | | 红旗882线 | 灯塔变 | 交流10kV | 8.49 | 3 | 36.41 | 3.09 | 2022-11-21 10:30 | 2022-07-20 21:00 | 2010-07-01 |
| 16 | | 国发889线 | 灯塔变 | 交流10kV | 10.48 | 8.56 | 87.41 | 9.16 | 2022-03-21 10:30 | 2022-03-21 10:30 | 2012-01-01 |
| 17 | | 海都877线 | 灯塔变 | 交流10kV | 8.49 | 3.08 | 36.49 | 3.1 | 2022-02-23 09:00 | 2022-02-22 19:45 | 2011-07-01 |
| 18 | | 皮革884线 | 灯塔变 | 交流10kV | 10.13 | 5.99 | 64.93 | 6.58 | 2022-04-23 08:30 | 2022-04-23 08:30 | 2014-10-31 |
| 19 | | 后沙871线 | 灯塔变 | 交流10kV | 11.52 | 3.73 | 32.9 | 3.79 | 2022-04-30 17:45 | 2022-04-30 17:45 | 2013-12-23 |
| 20 | | 后台888线 | 灯塔变 | 交流10kV | 10.13 | 6.24 | 67.27 | 6.82 | 2022-03-17 10:15 | 2022-03-25 14:00 | 2012-11-22 |
| 21 | | 利中879线 | 灯塔变 | 交流10kV | 9.46 | 5.33 | 60.49 | 5.72 | 2022-01-03 10:00 | 2022-01-03 10:00 | 2010-07-01 |
| 22 | | 海城881线 | 灯塔变 | 交流10kV | 10.13 | 1.73 | 17.14 | 1.74 | 2022-02-23 19:00 | 2022-02-23 19:00 | 2010-07-01 |
| 23 | | 富康876线 | 灯塔变 | 交流10kV | 8.49 | 2.91 | 37.5 | 3.18 | 2022-03-31 14:30 | 2022-07-25 16:30 | 2013-03-29 |

图 4-48 线路负载率情况

### （2）透过“指标追溯”看配电线路轻载运行时长

从轻载运行时长看，该变电站多数 10 kV 线路利用效率较低。在指标看板的电网诊断指标追溯模块获取线路的轻载运行时长，该变电站 10 kV 线路中轻载运行时间占比大于 50% 的 10 kV 线路有 21 条，轻载运行时间占比大于 80% 的 10 kV 线路有 9 条，如图 4-49 所示。

|  | 所属县供电 | 首端变电站 | 末端变电站 | 长度(km) | 最大输送容 | 运行状态 | 线路性质 | 最大负载率出 | 最大负荷(M | 平均负荷(M | 投产日期 | 型号 | null | 轻载运行时长 | 轻载运行时间占比 |
|---|---|---|---|---|---|---|---|---|---|---|---|---|---|---|---|
| 省电 | 国网浙江省电 | 灯塔变 |  | 4.376 | 7.62 | 在运 | 馈线 | 2022-04-29 | 1.83 | 0.79 | 2016-06-22 |  | 11M32000 | 8438.5 | 96.33 |
| 省电 | 国网浙江省电 | 灯塔变 |  | 11.414 | 8.49 | 在运 | 馈线 | 2022-11-21 | 3 | 0.89 | 2010-07-01 |  | 11M32000 | 6485.25 | 74.03 |
| 省电 | 国网浙江省电 | 灯塔变 |  | 4.778 | 8.49 | 在运 | 馈线 | 2022-09-22 | 5.08 | 0.95 | 2010-07-01 |  | 11M32000 | 6380.25 | 72.83 |
| 省电 | 国网浙江省电 | 灯塔变 |  | 0.197 | 8.49 | 在运 | 馈线 | 2022-02-23 | 3.08 | 0.68 | 2011-07-01 |  | 11M32000 | 7157.25 | 81.7 |
| 省电 | 国网浙江省电 | 灯塔变 |  | 1.926 | 10.48 | 在运 | 馈线 | 2022-07-20 | 5.75 | 1.55 | 2012-11-22 |  | 11M32000 | 6108.75 | 69.73 |
| 省电 | 国网浙江省电 | 灯塔变 |  | 2.238 | 11.52 | 在运 | 馈线 | 2022-07-27 | 3.96 | 1.55 | 2010-07-01 |  | 11M32000 | 6476 | 73.93 |
| 省电 | 国网浙江省电 | 灯塔变 |  | 5.994 | 8.49 | 在运 | 馈线 | 2022-12-05 | 4.71 | 0.03 | 2014-10-31 |  | 11M32000 | 8692.25 | 99.23 |
| 省电 | 国网浙江省电 | 灯塔变 |  | 1.828 | 10.13 | 在运 | 馈线 | 2022-03-08 | 0.06 | 0 | 2010-07-01 |  | 11M32000 | 8760 | 100 |
| 省电 | 国网浙江省电 | 灯塔变 |  | 3.381 | 10.48 | 在运 | 馈线 | 2022-03-21 | 8.56 | 2.12 | 2012-01-01 |  | 11M32000 | 5497 | 62.75 |
| 省电 | 国网浙江省电 | 灯塔变 |  | 3.964 | 10.13 | 在运 | 馈线 | 2022-08-10 | 3.68 | 1.53 | 2012-11-26 |  | 11M32000 | 6019.5 | 68.72 |
| 省电 | 国网浙江省电 | 灯塔变 |  | 6.79 | 10.13 | 在运 | 馈线 | 2022-08-21 | 6.54 | 2.89 | 2010-07-01 |  | 11M32000 | 2147.25 | 24.51 |
| 省电 | 国网浙江省电 | 灯塔变 |  | 2.558 | 11.52 | 在运 | 馈线 | 2022-03-08 | 5.12 | 1.36 | 2010-07-01 |  | 11M32000 | 6621.75 | 75.59 |
| 省电 | 国网浙江省电 | 灯塔变 |  | 1.948 | 11.52 | 在运 | 馈线 | 2022-06-27 | 4.46 | 1.32 | 2010-07-01 |  | 11M32000 | 6482.25 | 74 |
| 省电 | 国网浙江省电 | 灯塔变 |  | 5.029 | 11.52 | 在运 | 馈线 | 2022-04-30 | 3.73 | 0.16 | 2013-12-23 |  | 11M32000 | 8752.5 | 99.91 |
| 省电 | 国网浙江省电 | 灯塔变 |  | 2.485 | 10.48 | 在运 | 馈线 | 2022-08-18 | 6.59 | 1.6 | 2014-10-31 |  | 11M32000 | 6118.25 | 69.84 |
| 省电 | 国网浙江省电 | 灯塔变 |  | 1.5 | 10.13 | 在运 | 馈线 | 2022-02-23 | 4.45 | 0.78 | 2014-10-31 |  | 11M32000 | 6906 | 78.84 |
| 省电 | 国网浙江省电 | 灯塔变 |  | 6.321 | 10.91 | 在运 | 馈线 |  | 0 | 0 | 2018-07-30 |  | 11M50002 | 8760 | 100 |
| 省电 | 国网浙江省电 | 灯塔变 |  | 0.427 | 10.13 | 在运 | 馈线 | 2022-03-17 | 6.24 | 0.74 | 2012-11-22 |  | 11M32000 | 7454.5 | 85.1 |
| 省电 | 国网浙江省电 | 灯塔变 |  | 4.509 | 8.49 | 在运 | 馈线 | 2022-03-31 | 2.91 | 1.01 | 2013-03-29 |  | 11M32000 | 6856 | 78.26 |
| 省电 | 国网浙江省电 | 灯塔变 |  | 1.933 | 9.46 | 在运 | 馈线 | 2022-01-03 | 5.33 | 0.78 | 2010-07-01 |  | 11M32000 | 7300.25 | 83.34 |
| 省电 | 国网浙江省电 | 灯塔变 |  | 3.1 | 10.13 | 在运 | 馈线 | 2022-04-23 | 5.99 | 0.21 | 2014-10-31 |  | 11M32000 | 8759.25 | 99.99 |
| 省电 | 国网浙江省电 | 灯塔变 |  | 3.074 | 10.13 | 在运 | 馈线 | 2022-02-23 | 1.73 | 0.28 | 2010-07-01 |  | 11M32000 | 8760 | 100 |
| 省电 | 国网浙江省电 | 灯塔变 |  | 1.926 | 10.13 | 在运 | 馈线 | 2022-03-30 | 6.26 | 2.11 | 2016-06-15 |  | 11M32000 | 5164.75 | 58.96 |

图 4-49　轻载运行时长和占比

**辅助应用：**通过“网上电网”多源数据融合功能，通过指标追溯模块获得设备最大负载率、轻载运行时间占比，作为横、纵坐标绘制负载率散点图，通过综合分析，识别运行情况，辅助辨识线路是否真实轻载。该变电站 10 kV 线路负载率情况见表 4-4。

表 4-4　该变电站 10 kV 线路负载率情况

| 序号 | 设备名称 | 所在母线段 | 运行年限 | 最大负载率 /% | 平均负载率 /% | 轻载运行时长 /h | 轻载运行时间占比 /% |
|---|---|---|---|---|---|---|---|
| 1 | 汽配 872 线 | Ⅰ | 5 | 0 | 0 | 8 760 | 100 |
| 2 | 利中 879 线 | Ⅱ | 13 | 60.49 | 8.24 | 7 300.25 | 83.34 |
| 3 | 后台 888 线 | Ⅱ | 10 | 67.27 | 7.26 | 7 454.5 | 85.1 |
| 4 | 皮革 884 线 | Ⅱ | 8 | 64.93 | 2.08 | 8 759.25 | 99.99 |
| 5 | 富康 876 线 | Ⅰ | 10 | 37.5 | 11.86 | 6 856 | 78.26 |

续表

| 序号 | 设备名称 | 所在母线段 | 运行年限 | 最大负载率/% | 平均负载率/% | 轻载运行时长/h | 轻载运行时间占比/% |
|---|---|---|---|---|---|---|---|
| 6 | 海城 881 线 | Ⅱ | 13 | 17.14 | 2.75 | 8 760 | 100 |
| 7 | 后沙 871 线 | Ⅰ | 9 | 32.9 | 1.39 | 8 752.5 | 99.91 |
| 8 | 国发 889 线 | Ⅱ | 11 | 87.41 | 20.27 | 5 497 | 62.75 |
| 9 | 海都 877 线 | Ⅰ | 12 | 36.49 | 8.04 | 7 157.25 | 81.7 |
| 10 | 红旗 882 线 | Ⅱ | 13 | 36.41 | 10.52 | 6 485.25 | 74.03 |
| 11 | 金辉 878 线 | Ⅰ | 13 | 36.23 | 13.42 | 6 476 | 73.93 |
| 12 | 双辉 875 线 | Ⅰ | 13 | 41.23 | 11.45 | 6 482.25 | 74 |
| 13 | 堤辽 873 线 | Ⅰ | 10 | 39.49 | 15.06 | 6 019.5 | 68.72 |
| 14 | 建州 874 线 | Ⅰ | 13 | 0.65 | 0.04 | 8 760 | 100 |
| 15 | 前台 883 线 | Ⅱ | 13 | 65.92 | 28.53 | 2 147.25 | 24.51 |
| 16 | 中元 885 线 | Ⅱ | 13 | 62.36 | 11.14 | 6 380.25 | 72.83 |
| 17 | 科技 890 线 | Ⅱ | 10 | 56.85 | 14.78 | 6 108.75 | 69.73 |
| 18 | 操场 870 线 | Ⅰ | 7 | 25.15 | 10.33 | 8 438.5 | 96.33 |
| 19 | 海洋 Y867 线 | Ⅰ | 7 | 65.41 | 20.8 | 5 164.75 | 58.96 |
| 20 | 龙珠 886 线 | Ⅱ | 8 | 44.24 | 7.72 | 6 906 | 78.84 |
| 21 | 华邦 880 线 | Ⅱ | 13 | 46.68 | 11.8 | 6 621.75 | 75.59 |
| 22 | 利益 Y887 线 | Ⅱ | 8 | 71.9 | 15.24 | 6 118.25 | 69.84 |
| 23 | 交通 Y868 线 | Ⅰ | 8 | 55.61 | 0.3 | 8 692.25 | 99.23 |

经过负载率散点图（图 4-50）分析，该变电站 23 条线路中有 22 条为真实轻载，这些线路最大负载率大部分为特殊运行工况时出现。

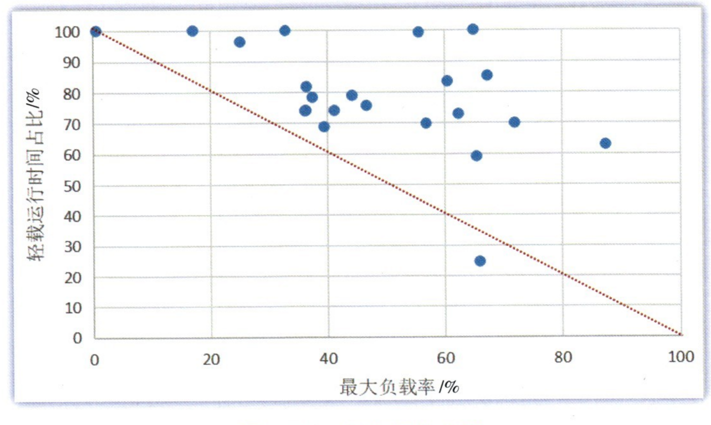


图 4-50　负载率散点图

对于这些线路运行时间较长，线路负荷又不高的情况，建议可通过结合线路所带负荷及线路分布情况，通过网架优化或合并轻载线路间隔的方式来统筹优化变电站间隔资源，释放变电站供电能力，既可以为新线路及用户接入提供较为充足的备用间隔，同时也有助于变电站负载率的提升。

（3）透过“网架情况”看供区负荷分布

在规划全过程的网架情况中查看该区域的变压器分布情况（图 4-51）。该区域内的负荷主要分布在该变电站的西北侧，线路原主供老旧工业点，后受拆迁、搬迁和工业点合并影响，原主要负荷转移至非该变电站供区，导致这些线路轻载。

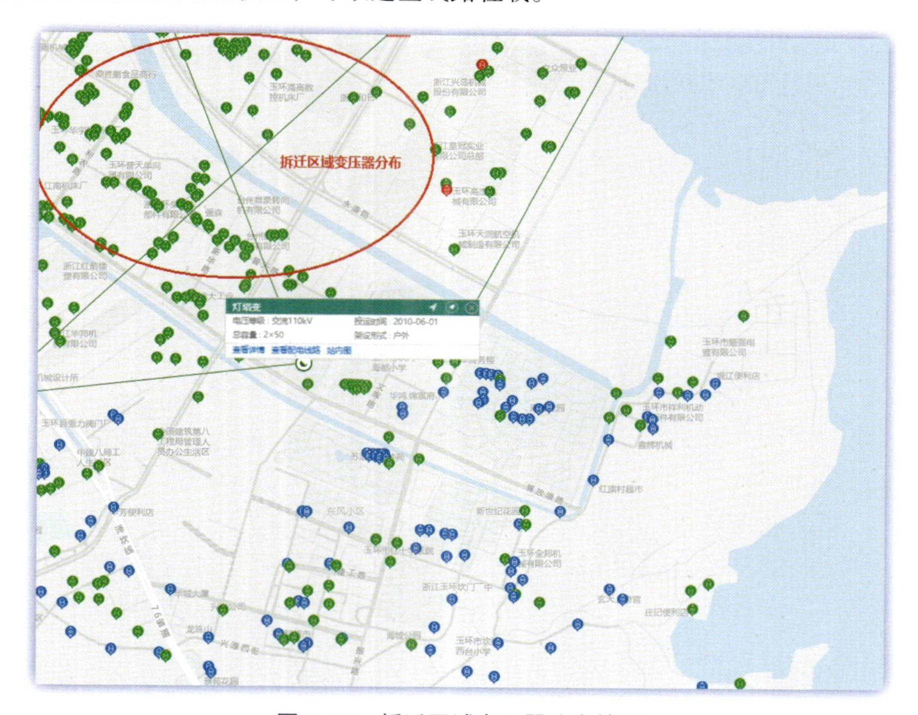


图 4-51　拆迁区域变压器分布情况

间隔不足但负载较低客观原因如下：

①新变电站投产导致该变电站整体负载降低。2020 年之前该区域内只有 2 座 110 kV 变电站负责供电，2 座变电站间隔使用率高且皆处于重载。为解决该问题，该区域在 2020 年和 2022 年陆续建成投运了 2 座新的 110 kV 变电站，对现有变电站的负荷进行了分流，缓解了变电站重载情况，同时该变电站各个间隔出线的负荷也有所降低。

②区域产业升级导致原工业负荷降低。该区域正实行“腾笼换鸟”的产业升级战略，大部分老旧工业点正在拆迁，部分新建的工业园区尚未建成，或新建成的工业园区不在该变电站的供电范围内；区域内部分“小作坊”式企业受环保、消防等因素影响而合并、转型或关停，导致该区域负荷降低；部分高耗能企业如电镀、锻造等企业往其他乡镇的工业园区转移，原本为高耗能企业供电的线路因此负荷降低。

### 3）其他间隔紧张原因

（1）因用地规划需要保留的轻载线路间隔

针对曙光 H841 线、农药 502 线的轻载问题，建议线路间隔保留。

①总体情况：以农药 502 线为例（图 4-52），该线路主供城区某区块负荷，通过网上电网查询数据分析，农药线 2023 年最大负载率为 15.69%，最大视在功率为 1.23 MW，目前该线路为单辐射线路，对侧 110 kV 变电站 10 kV 双宝线经马鞍山向此区块供电，同为单辐射线路。

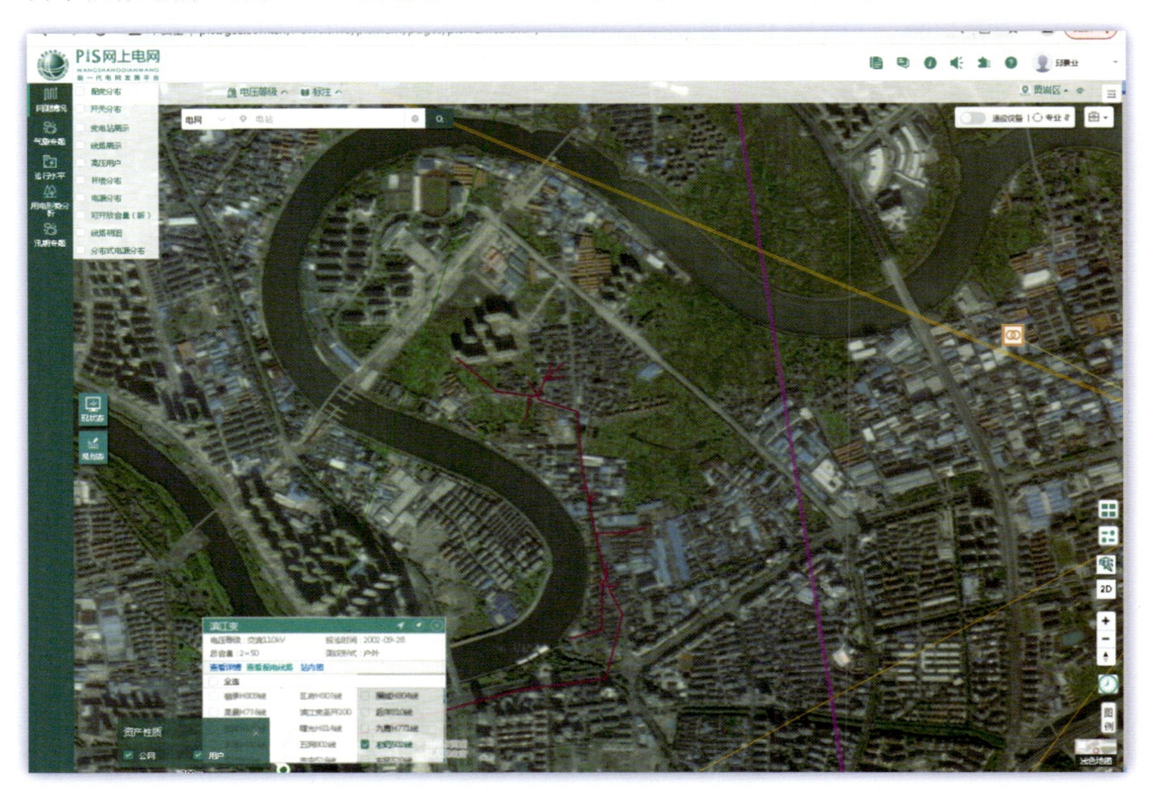


图 4-52　农药 502 线供区图

②原因分析：该区块在过去是小型工厂、手工作坊、低矮平房的集中区域，开发程度低，用电负荷水平不高。根据网上电网数据查询，2022 年农药 502 线负荷仅 2 MW 左右。

自 2023 年开始，全区实行产业结构调整、产业合并等工作，小作坊、落后产业被合并，地块内的小作坊等逐步关闭，因此 2023 年农药线负荷较往年有所下降，仅剩部分居民用电负荷。

以线路上的外东浦 1# 公变为例，公变容量为 630 kV・A，2023 年公变负荷最大值为 126 kW（剔除突变数据），公变负载率偏低，因此造成间隔负载率低。

③提出措施建议：由于王西区块未来已规划建设外东浦未来社区（图 4-53），将成为未来城市地标区域及负荷增长爆发点，因此农药线途经未来社区中心路段，承担较重要的供电任务，因此不适合在短时间内将农药线退出运行。

图 4-53　王西未来社区规划图

建议 110 kV 杜家变、滨江变各新出 1 路电缆与双宝线、农药线组成双环网结构，将沿途开关站、环网单元等设备串入主线运行（图 4-54），为后续未来社区用电需求接入做好准备，避免线路反复投退。

图 4-54　农药 - 双宝联络示意图

④小结：针对投运时间早，线路负载率因外部因素导致下降，但在近期有项目开发或负荷报装需求可见的情况下，不建议将线路退运，而应将线路保留，以满足地块的用电接入需求。同时要考虑地块的未来开发需求，高效利用有限廊道资源，避免负荷反复割接、线路反复投退

等造成配网投资浪费的问题。对于线路现状低效，但近期有负荷新装趋势的，不建议将线路退运。

（2）因高可靠性要求需要保留的轻载线路间隔

针对岙岸 H530 线的轻载问题，由于主城区对供电可靠性的要求较高，建议保留线路间隔。

①总体情况：岙岸 H530 线主供城区某工业园区负荷，接配网Ⅳ区主站系统由岙岸 - 乐园线拓扑图（图 4-55）可知，该线路与对侧 110 kV 变电站 10 kV 乐园 H339 线组成联络。相同路段，110 kV 滨江变 10 kV 九龙 H335 线与对侧 110 kV 西范变 10 kV 双企 H566 线组成联络，九龙线 2023 年最大负荷为 2.44 MW，双企线 2023 年最大负荷为 5.8 MW，该组联络不满足 N-1 校核。

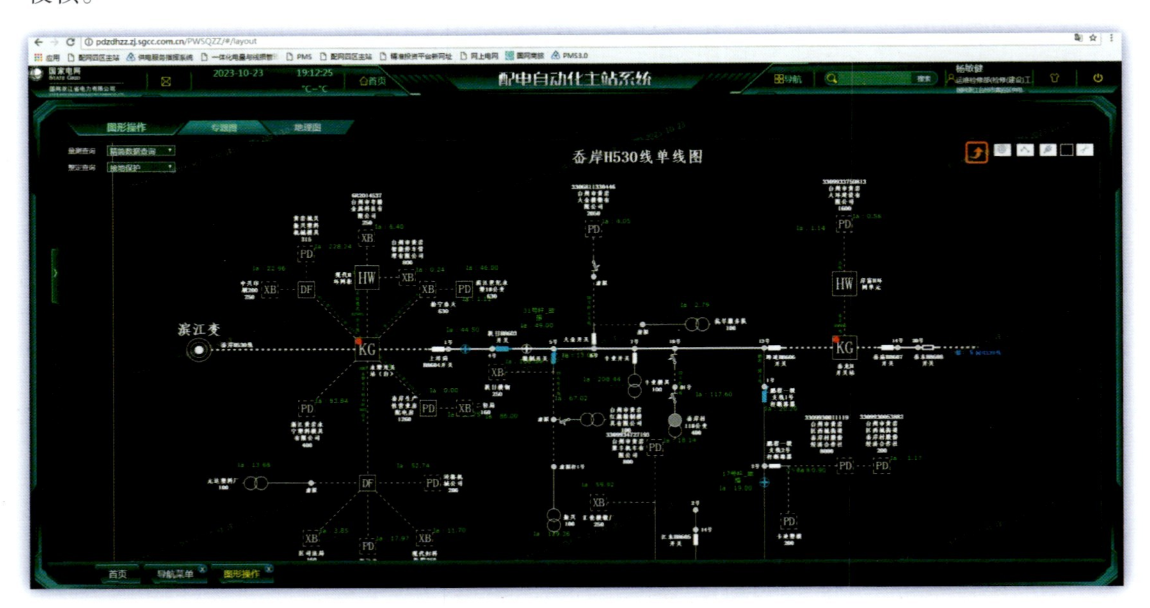


图 4-55　配网Ⅳ区主站系统岙岸 - 乐园线路拓扑图

通过网上电网查询数据分析，岙岸线 2023 年最大负载率为 12.9%，最大视在功率为 0.89 MW，处于轻载运行状态；对侧乐园 H339 线 2023 年最大负荷为 2.78 MW，最大负载率为 36.01%。

②原因分析：根据线路拓扑图（图 4-56）分析，岙岸线装机容量为 8 275 kV · A，但负荷仅 2 936 kW，因此线路负载率较低。

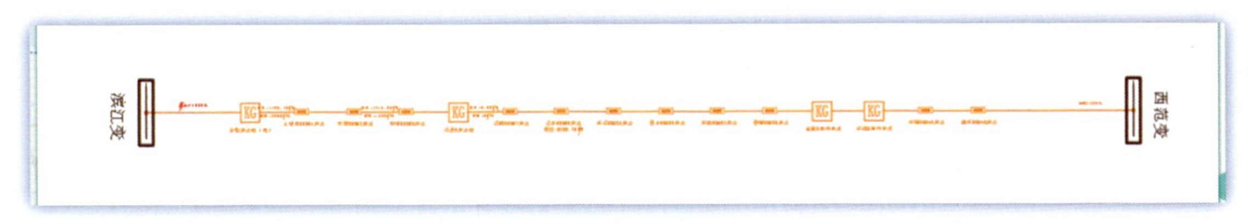


图 4-56　岙岸 - 乐园线路拓扑图

③提出措施建议：因乐园 H335 线与岙岸 H530 线为单联络，若岙岸 H530 线退出运行，乐

园 H335 线将变成单辐射线路，根据《配电网规划设计导则》要求，B 类供电区域中不推荐辐射型线路结构，因此不建议将岙岸 H530 线退役。

由于双企线与九龙线不满足 N-1 校核，因此建议将部分双企线负荷割接至岙岸线，使双企线负荷下降，既提高了岙岸线利用率，又使双企线、九龙线通过 N-1 校核。

④小结：线路因外部因素导致的负载率下降，但对侧线路负荷较高，说明整组线路负荷分断点不合理。应当考察线路分段运行情况，在线路载流量空间富裕的前提下对同路径线路的负荷水平进行优化。在不影响供电所运维要求的前提下，可以将轻载线路下的负荷割接至邻近线路，重新划分线路的供电范围，以达到节约变电站 10 kV 间隔数的目的，腾出来的空间隔可供新的负荷接入使用。

（3）因线路功能发生变化而需要退出的轻载线路间隔

针对委建 H813 线的纯联络情况，建议间隔退出运行。

①总体情况：上调度 SCADA 系统看委建线拓扑图（图 4-57）可知，10 kV 委建 H813 线为两个变电站联络线路，目前线路上没有挂接任何配变，仅作联络使用。同样，对侧 35 kV 变电站 10 kV 委建线也属于同样情况。

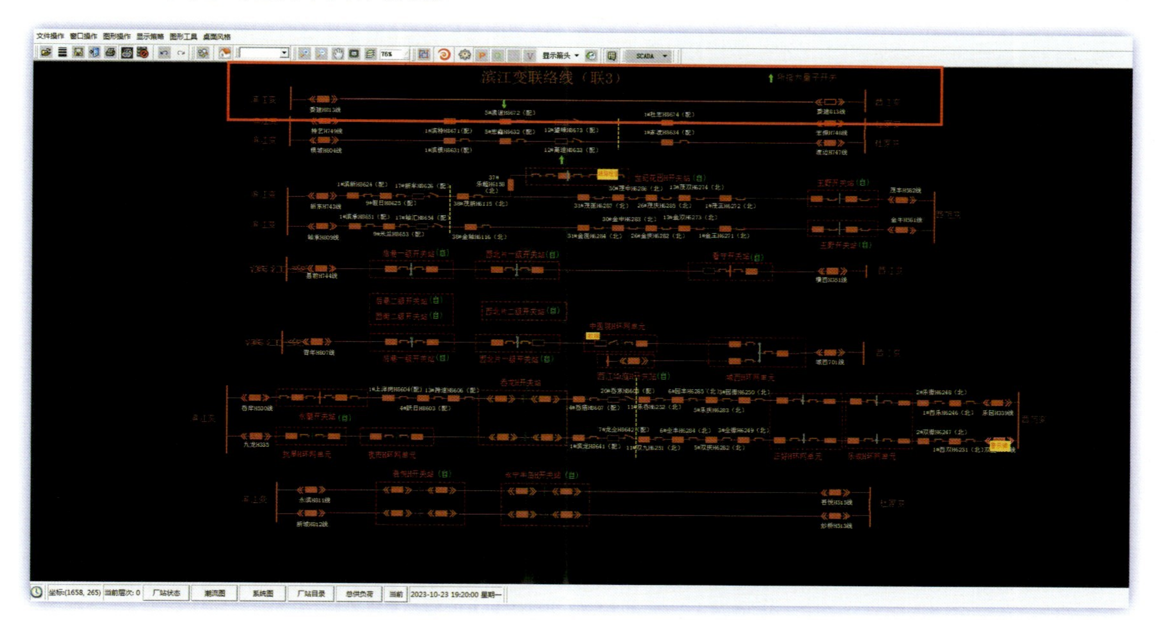


图 4-57 滨江变委建线 - 西江变委建线 SCADA 拓扑图

②原因分析：10 kV 委建 H813 线投运时间较早，主供地块为某地区中心老城区，投运之初主要接带城区居民负荷，随着配网线路不断建设，地块功能的更替，原先委建线上的负荷已全部迁移至新线路，故形成现状无负荷的局面。

③提出措施建议：目前，某地区市域铁路 S2 线建设在即，其主要路线经过某地区世纪大道并设有站点。根据前期对接，S2 线站点建设需要使用 1 台盾构机，该盾构机采用 10 kV 电压驱动，需要 1 路 10 kV 专线接入 110 kV 滨江变，装机容量约 9 000 kV · A。因此，建议将

10 kV 委建线退出运行，空出 1 个间隔，以供盾构机专线接入。

④小结：针对历史原因、地块功能变化等造成的线路负载率下降，若线路供区内地块开发程度较高，且近期内不会有大幅的功能变化、负荷增长等，应考虑将间隔退运，为其他更紧急的间隔需求提供资源。

**（4）因线路重载而现有间隔无法满足新增需求需要新建输变电工程的线路间隔**

针对永滨 H811 线、特种 H735 线重载问题，建议通过新增变电站的方式来解决。

①总体情况：以永滨 H811 线为例，该线路主供城区某网格，通过网上电网查询数据分析，结合调度 SCADA 系统负荷数据图可知，永滨线 2023 年最大负载率为 82.72%，最大视在功率为 5.69 MW，对侧联络线路为 110 kV 变电站 10 kV 妙桥 H513 线，2023 年最大负载率为 60.48%，最大负荷为 3.06 MW；该 110 kV 变电站最大负载率为 69.24%，站内间隔共 30 个，已用 28 个。

②原因分析：江北商务区网格内开发程度较高（图 4-58），主要负荷类型有商业、居民，具有负荷密度高，用电量大的特点。例如，吾悦广场、吾悦新城、永宁半岛、水岸明珠等小区高度集中在此区块，因而负荷发展速度较高。

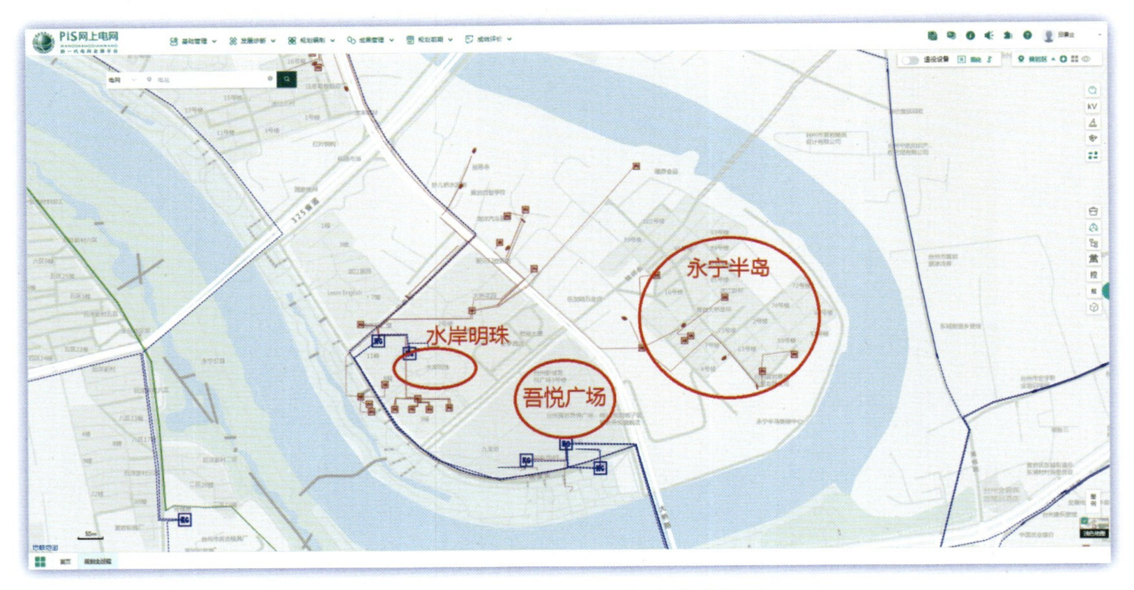


图 4-58　江北商务区网格地块功能图

③提出措施建议：由于永滨 H811 线与对侧妙桥 H513 线负荷较高，无法满足线路 N-1 校核，而负荷基本集中在吾悦 H 开关站下，因此不建议通过切割负荷的方式来解决线路重载问题。

若通过对侧 110 kV 变电站新出 1 回 10 kV 线路，将吾悦 H 开关站的负荷倒至杜家变，可以解决永滨线重载问题，但因 110 kV 滨江变间隔已经用尽，因此无法建立有效联络。

因此，建议在王西区块新增 1 座 110 kV 变电站，有以下几点好处：一是满足王西区块未来社区建设的用电接入需求；二是提供新的出线间隔，分别与另两座 110 kV 变电站建立新的配网联络关系；三是通过配网联络，转移部分变电站负荷，降低其主变负载率，避免变电站出现重载问题。

④小结：城区变电站负荷发展速度往往较高，部分线路容易出现重载问题，在间隔资源充足、主变负载率不高的前提下，优先考虑现有变电站新出线路来解决线路重载问题。当主供该网格的变电站间隔资源匮乏、主变负载率趋近重载的时候，则需要提前考虑新的 110 kV 变电站布点，以提供充足的间隔资源，同时分流现状变电站、线路负荷，避免出现重载问题。

（5）专线用户轻载而具备整合潜力的线路间隔

针对区府 H803 线低效问题，建议通过调整用户接线方式，退出间隔运行。

①总体情况：区府 H803 线为政府专线，上调度 SCADA 系统，看线路负荷数据（图 4-59）可知，2023 年最大负载率为 30% 左右，最大视在功率为 2.4 MW。

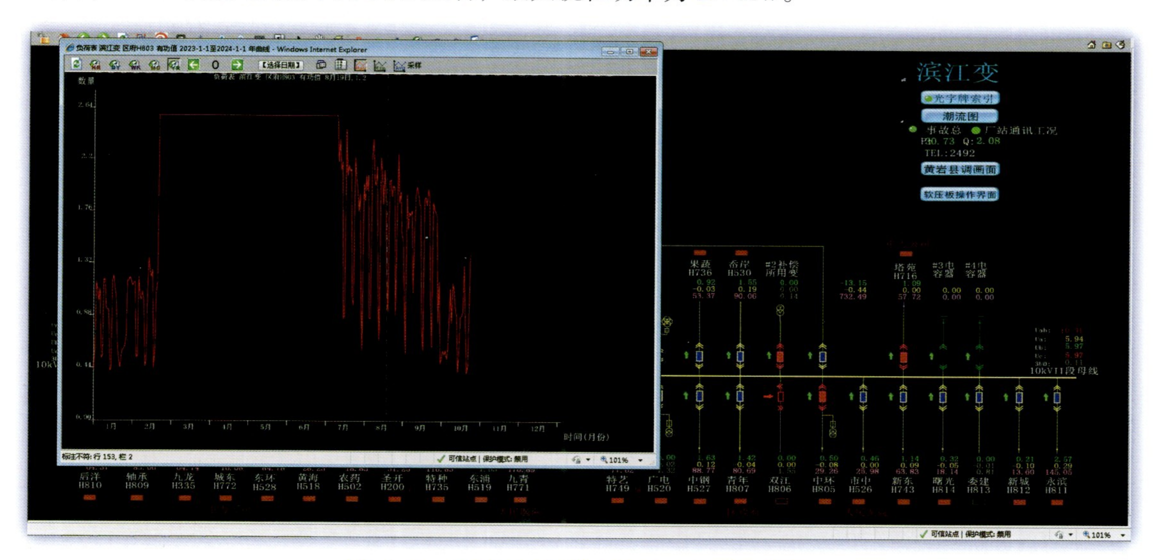


图 4-59　区府 H805 线 SCADA 负荷数据图

②原因分析：政府负荷类型以办公用电为主，由于政府在多项社会功能中扮演重要角色，例如，救灾抢险、应急指挥中心、大型活动等，对于供电可靠性有较高要求，因此目前采用 1 路接入专线间隔，1 路 T 接公线的形式供电。

③提出措施建议：专线用户的主要诉求是高供电可靠性，可以尝试建议低负载率的专线用户退出专线间隔，以双电源改造的方式，保障其高用电可靠性，以达到提升单个间隔利用效率的目的。

#### 4）“两图一线”创间隔优化模式

针对以上间隔资源使用不合理的问题，选取第一种情况为例，进入配网规划全流程平台的项目库模块查看系统为该区域自动生成的规划库项目（图 4-60），可以看到该区域只有 1 个网架类规划项目，投资金额 121.62 万元，可靠性能提升 0.000 1。

图 4-60 “两图一线”创间隔优化模式示意图

查看详情后可知，该项目内容为：海港 Y953 线与后沙 871 线形成单联络接线，解决非标接线问题；与灯塔变后沙 871 线形成联络，解决站内联络问题。解决新街 Y944 线非标接线：形成多分段单辐射接线，解决非标接线问题；后沙 871 线与海港 Y953 线形成单联络接线，解决非标接线问题；交通 Y868 线形成联络，解决站内联络问题。解决以上问题后，可靠性指标从 99.987 6% 提升至 99.987 7%。由此可见，自动生成的项目主要为该区域解决站内联络和单辐射接线等非标准接线问题，提高区域供电可靠性，并没有发现并解决上述提到的间隔资源使用不合理的问题。工程项目合理性示意图如图 4-61 所示。

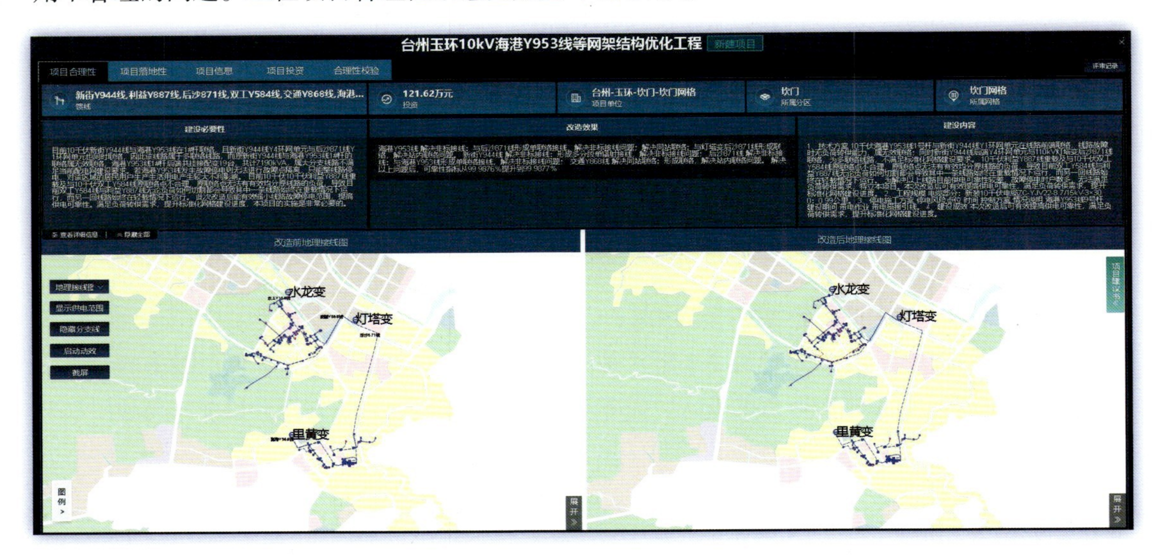


图 4-61 工程项目合理性示意图

为解决间隔资源使用不合理的问题，此处还利用到了其他平台功能。

透过“两图一线”看 10 kV 线路现状。通过网上电网平台查询线路拓扑图、地理接线图和负荷曲线，分析 10 kV 线路的现状。

间隔合并必要性：新建工业园区位于该变电站东北方向，现有 10 kV 线路难以满足新工业园区的负荷增长（约 12 MW），受制于可用间隔数量有限，需考虑对部分低效线路进行间隔合并，为新建工业园区提供新的出线间隔。在进行线路合并时，应优先考虑合并非标准接线和不满足 N-1 的线路，做到间隔合并和网架优化并行，接线模式和“N-1”情况可以从网上电网中查询。

老旧工业点拆迁和新建工业园区域如图 4-62 所示。

图 4-62　老旧工业点拆迁和新建工业园区域

10 kV 线路标准接线情况。由网上电网 - 变电站配电线路接线模式图（图 4-63）可知，该变电站间隔所出的 23 条线路中标准接线 17 条，非标准接线 6 条。标准接线率为 73.91%。在间隔合并时优先考虑非标准接线的金辉 878 线、华邦 880 线、红旗 882 线、富康 876 线、堤辽 873 线、建州 874 线。

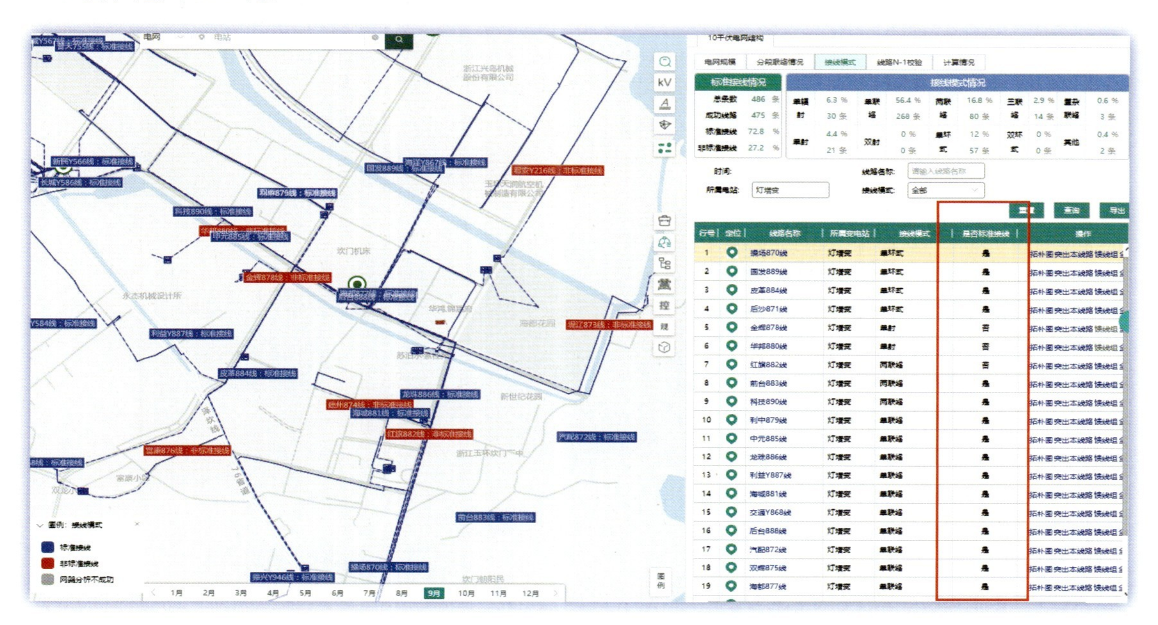

图 4-63　该变电站配电线路接线模式

10 kV 线路 N-1 校验情况。由网上电网 N-1 计算结果图（图 4-64）可知，该变电站间隔所出的 23 条线路中满足 N-1 校验的线路有 19 条，不满足 N-1 的有 4 条，N-1 通过率为 82.61%。在间隔合并时需优先考虑 N-1 不通过的金辉 878 线、华邦 880 线、建州 874 线、堤江 873 线。

图 4-64　N-1 计算结果

举例精准分析线路情况：以 10 kV 金辉 878 线、华邦 880 线和建州 874 线为例进行分析。

①由网上电网的线路拓扑图（图 4-65）可知，金辉 878 线为单辐射线路，不满足 N-1 校验。由图 4-64 中 N-1 计算结果可知，金辉 878 线 2023 年最大负载率为 36.23%，平均负载率为 13.42%，轻载运行时间占比为 73.93%，属于事实轻载线路。

图 4-65　由网上电网平台看金辉 878 线拓扑图

由网上电网的负荷曲线（图 4-66）可知，金辉 878 线 2023 年最大负荷为 3.959 9 MW。

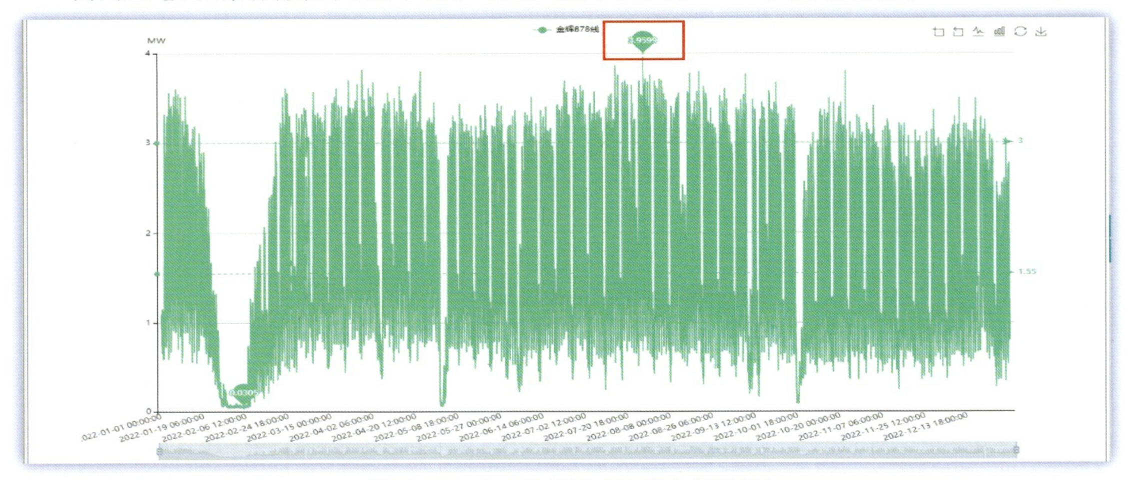


图 4-66　10 kV 金辉 878 线负荷曲线

②由网上电网的线路拓扑图（图 4-67）可知，华邦 880 线为单辐射线路，不满足 N-1 校验。由图 4-64 中 N-1 计算结果可知华邦 880 线 2023 年最大负载率为 46.68%，平均负载率为 11.8%，轻载运行时间占比为 75.59%，属于事实轻载线路。

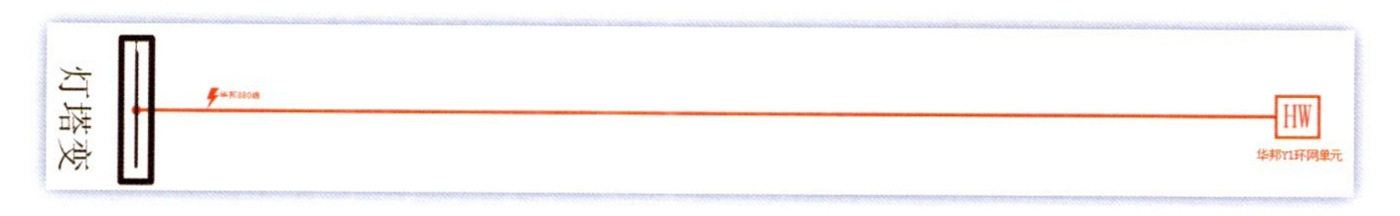


图 4-67　华邦 880 线拓扑图

由网上电网的负荷曲线（图 4-68）可知，华邦 880 线 2023 年最大负荷为 5.117 5 MW。

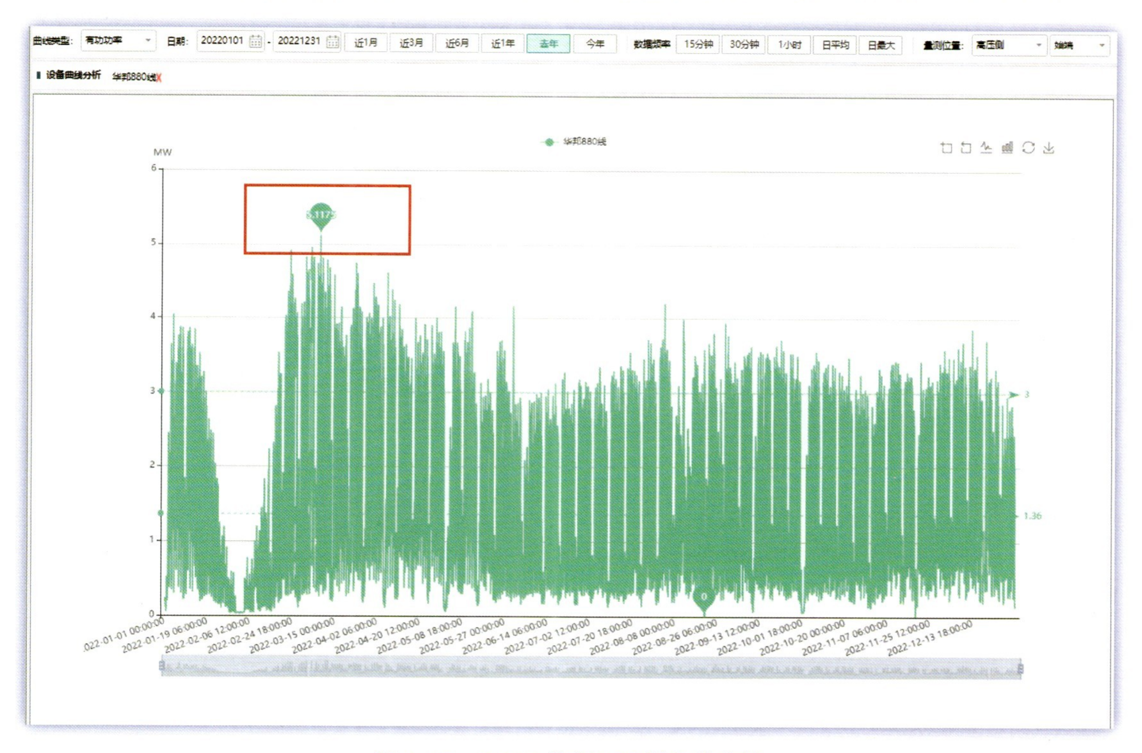


图 4-68　10 kV 华邦 880 线负荷曲线

③由网上电网的线路拓扑图（图 4-69）可知，建州 874 线为单辐射线路，不满足 N-1 校验。由图 4-64 中 N-1 计算结果可知，建州 874 线 2023 年最大负载率为 0.65%，平均负载率为 0.04%，轻载运行时间占比为 100%，属于事实轻载线路。

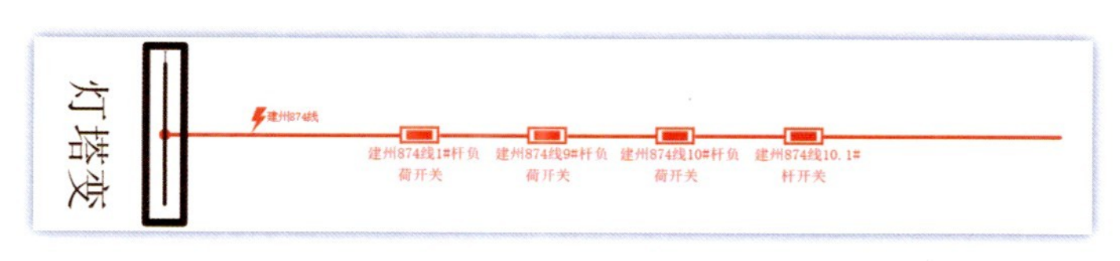


图 4-69　建州 874 线拓扑图

由网上电网的负荷曲线（图 4-70）可知，建州 874 线 2023 年最大负荷为 0.060 9 MW。

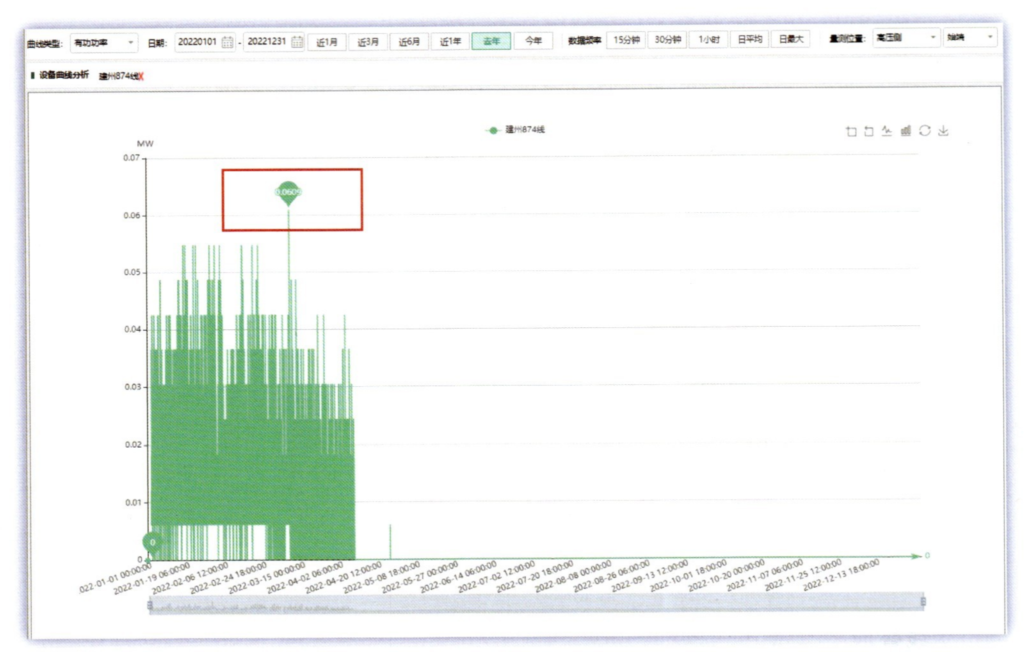


图 4-70　10 kV 建州 874 线负荷曲线

间隔合并和网架优化并行。通过配网线路查看功能，可以看到金辉 878 线和华邦 880 线两回线路出线方向相近，供电范围相对一致，挂接配变较少负荷均较轻；可考虑通过合并两个间隔，并将其与建州 874 线联络的方式来优化间隔资源，如图 4-71 所示。此举在节省出一个间隔为待建成的新工业园区供电的同时，解决了 3 条线路的单辐射问题，使其形成一组标准接线，如图 4-72 所示。

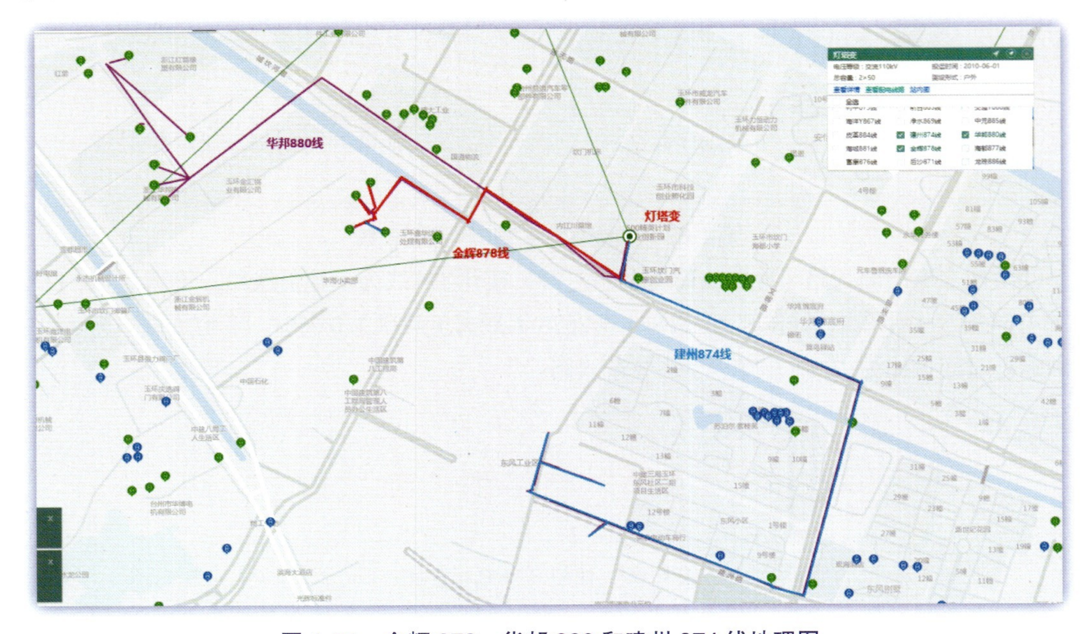


图 4-71　金辉 878、华邦 880 和建州 874 线地理图

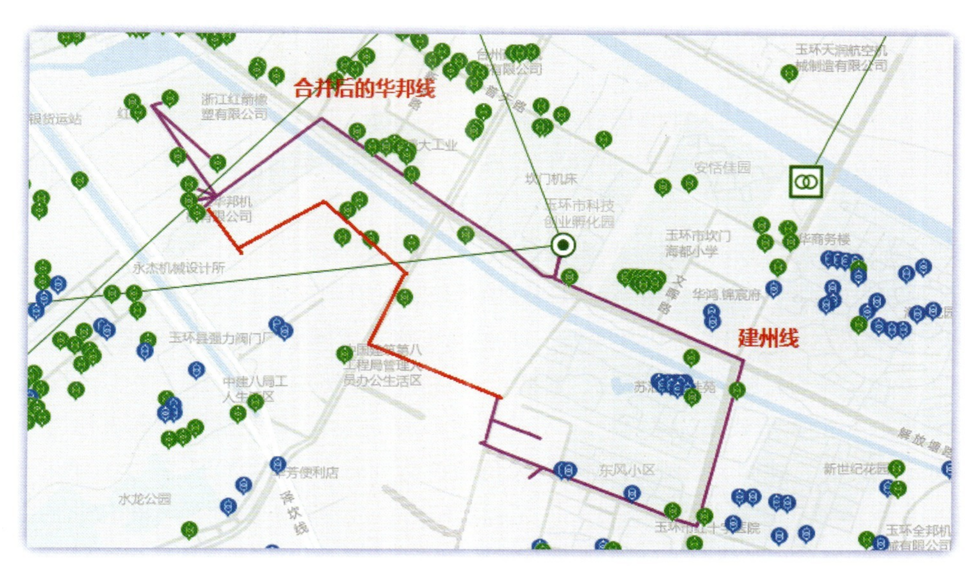


图 4-72 线路合并后的地理图

5）“两线叠加”评估间隔承载能力

“负荷叠加”验证负荷总量。通过“网上电网”负荷叠加功能，获得金辉 878 线和华邦 880 线各采集点负荷之和。两回线路合并后，再与欲联络线路建州 874 线负荷相叠加后，叠加负荷最大为 8.57 MW。线路的运行效率较合并前得到了有效提升，如图 4-73 所示。通过与额定容量相比，全年各采集点负荷之和均未超过任一线路和联络线路额定容量之和，验证该项目可行，可以纳入规划项目库。

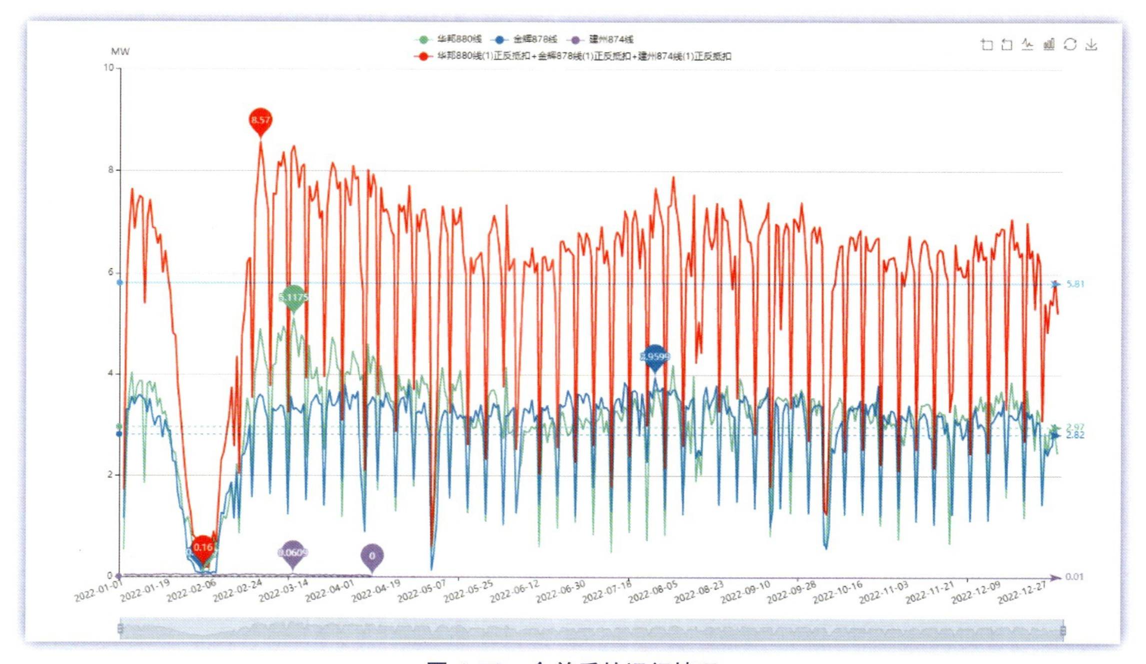


图 4-73 合并后的运行情况

### 4.3.3 应用成效

将以上间隔合并项目纳入配网规划全流程平台的规划库后，平台将对该区域项目落地后的预期成效进行精准预估，通过数据分析和模拟预测，全面评估项目的可行性、经济效益和社会效益。

在项目库—合理性校验模块，平台通过数据分析和模拟预测，对该区域 10 kV 配网项目落地后的预期成效进行了精准评估，可以通过该模块直观看到项目的改造效果。

10 kV 金辉 878 线网架结构优化工程：①解决线路轻载问题。金辉 878 线 2023 年最大负载率为 36.23%，平均负载率为 13.42%，轻载运行时间占比为 73.93%，属于事实轻载线路；华邦 880 线 2023 年最大负载率为 46.68%，平均负载率为 11.8%，轻载运行时间占比为 75.59%，属于事实轻载线路；建州 874 线 2023 年最大负载率为 0.65%，平均负载率为 0.04%，轻载运行时间占比为 100%，属于事实轻载线路。工程实施后，金辉 878 线和华邦 880 线合并后线路最大负载率预计为 67%，建州 874 线最大负载率预计为 45%。②解决非标接线问题。金辉 878 线为单辐射线路，不满足 N-1 校验；华邦 880 线为单辐射线路，不满足 N-1 校验；建州 874 线为单辐射线路，不满足 N-1 校验。项目实施后，由 3 条单辐射线路形成一组标准接线。③提升供电可靠性。线路平均供电可靠性指标预计提升 0.000 1。

# 5 展望

配电网规划全流程平台作为电力行业智能化转型的核心工具，其未来的发展方向将紧密跟随科技进步的步伐。随着云计算、大数据、人工智能等技术的不断成熟和应用，配电网规划全流程平台将不断向基于数据的智能化决策支撑方向演进，从规划投资到资产管理，从安全运行到经济运营，随着大数据在电网各个领域的深入应用，规划全流程的智能化决策模式将逐步形成，智能化决策的依据不再是简单的数据和报表，而是根据实际需求和人工智能的分析计算结果给出定制化的决策建议，以强大的数据基础和先进的人工智能技术支撑电网发展与运营。

配电网规划全流程平台将利用移动终端、5G 等先进技术，与泛在智能用户服务终端建立点对点的连接通道，将服务延伸至用户与公司业务接触的泛在触点，实现连接及服务。平台将为配电网的规划和运营提供智能化支持，同时实现与用户的多方位互动，提供个性化的电力服务，推动电力行业向绿色化发展。平台将不断适应电力行业的新挑战和新机遇，推动配电网规划向更高层次的智能化发展。

配电网规划全流程平台将构建一体化的业务生态系统，运用先进的信息技术手段对电网运行数据进行实时监测和分析，更精准地识别和分析配网概况，更因地制宜地规划网架结构，更全面地生成项目，更合理地进行过程管理，更简单有效地进行后评价分析。同时，平台将通过高度集成和协同优化，实现电网规划、运行、服务等业务的高效协同，提升整体运营效能。此外，平台还将加强与政府、企业、社区等各方的合作与沟通，共同应对电网运行中的挑战和问题，确保电网安全稳定运行，满足社会经济发展的需求。

# 参考文献

[1] 徐嘉豪，汪泽原. 新型电力系统及“双碳”下配电网规划技术及策略 [J]. 中国设备工程，2024(17): 203-205.

[2] 潘麟，李海生，程磊，等. 基于泛在电力物联网的主动配电网规划技术研究 [J]. 中国科技投资，2022(34): 31-33.

[3] 徐文龙，苑首斌. 基于泛在电力物联网的主动配电网规划技术研究 [J]. 中国科技投资，2021(8): 119,135.

[4] 肖振锋，辛培哲，刘志刚，等. 泛在电力物联网形势下的主动配电网规划技术综述 [J]. 电力系统保护与控制，2020,48(3): 43-48.

[5] 汪超. 基于“双 Q 理论”的配电网单元制规划技术研究 [D]. 北京：华北电力大学，2017.

[6] 冯灿. 基于配电网现状的电网规划技术研究 [J]. 区域治理，2020(38): 179.